創客‧自造者 工作坊 WORKSHOP

密室逃脫

神秘寶盒 & 拆彈專家

Science Technology Engineering Mathematics

國家圖書館出版品預行編目資料

FLAG'S創客.自造者工作坊：
密室逃脱:神秘寶盒&拆彈專家 / 施威銘研究室作
臺北市：旗標, 2019 . 09　面；　公分

ISBN 978-986-312-604-1 (平裝)

1.微電腦 2.電腦程式語言

471.516　　　　　　　　　　108013002

作　　者／施威銘研究室

發 行 所／旗標科技股份有限公司
　　　　　台北市杭州南路一段15-1號19樓

電　　話／(02)2396-3257(代表號)

傳　　真／(02)2321-2545

劃撥帳號／1332727-9

帳　　戶／旗標科技股份有限公司

監　　督／黃昕暐

執行企劃／施雨亨・汪紹軒

執行編輯／施雨亨・汪紹軒

美術編輯／陳慧如

封面設計／古鴻杰

校　　對／施雨亨・汪紹軒・黃昕暐

行政院新聞局核准登記-局版台業字第 4512 號

ISBN　978-986-312-604-1

版權所有・翻印必究

1 密室逃脫系列 套件簡介

2 神秘寶盒

3 用積木設計程式

4 拆彈專家

密室逃脫泛指單人或多人在特定室內場合進行實境遊戲, 玩家必須在規定時間內根據場景裡的線索、提示, 突破層層關卡最終成功逃脫, 考驗著玩家團隊合作和思考解謎能力。近年來該類型玩家數量大幅增加, 業者提供的遊戲主題也不斷推陳出新, 更華麗的場景、更縝密設計的機關、更引人入勝的故事也讓玩家有更多選擇。

1-1 真人實境遊戲 – 密室逃脫

真人實境遊戲根據場域區分戶外和室內, 許多戶外實境遊戲通常都是利用地景跟當地文化來搭配預先設計好的紙本、小道具來進行闖關, 透過 APP 不斷地提示資訊, 進行一道道關卡, 最終抵達目的地完成實境遊戲, 而**密室逃脫**則是屬於室內實境遊戲, 玩家隨著設計的劇情並透過環境細節提示來解謎機關, 遊戲中必須依靠不斷地思考並搭配團隊默契, 最終成功逃脫密室完成遊戲。

1-2 密室逃脫的機關

為了讓玩家能夠有更好的遊戲體驗, 密室逃脫中的機關設計一直不斷被升級, 從原本需要人為介入控制的系統漸漸邁向自動化, 各式各樣的感測器、電子元件和馬達電機更是增添了密室機關的互動性。

互動機關常用的電子電路

1-3 神秘寶盒 & 拆彈專家

密室逃脫：神秘寶盒 & 拆彈專家套件一共為兩個主題，套件內附所需要的硬體材料，搭配本書一步一步即可組裝完成，控制板已預先燒錄**神秘寶盒**程式，組裝完成後即可馬上體驗，也可以自行設計更豐富的劇情來搭配。

⚠ 神秘寶盒與拆彈專家有許多共用零件，無法同時組裝 2 個主題

神秘寶盒

用控制板建立網站來顯示解謎所需的謎腳，玩家使用手機或裝置連線至控制板後會看到相對應依序出現的數字，記下後在寶箱上的數字盤依序按下，按下的數字會出現在寶箱上方的數字顯示器，若密碼皆正確，控制板將會轉動伺服馬達至開鎖位置，即可打開寶箱順利通關，而寶箱內則可以依照需求放入自己設計的通關道具，預設是放入拆彈專家關卡所需要的密碼。

神秘寶盒完成圖

拆彈專家

預設會在玩家連上網頁後啟動倒數計時炸彈，炸彈主體上的數位顯示器將會顯示目前倒數秒數，這時需要一組密碼才能進入謎腳頁面，找出答案並移除正確線材即可成功拆除炸彈。

2

密室逃脫

神秘寶盒①

套件內共有兩個主題，控制板已預先燒錄神秘寶盒程式，組裝完成後即可馬上體驗神秘寶盒關卡解謎。

零件盤點

盤點零件是個好習慣，既可確認零件是否短缺，又可以認識這些零件的名稱，組裝過程才能更有效率。

1 D1 mini 相容控制板 1 片

2 Micro USB 數據線 1 條

3 16 路電容式觸摸開關模組 1 片

4 4 位數顯示器 1 個

5 喇叭 1 個

6 杜邦線轉接板 1 片

7 伺服馬達 1 個

伺服馬達

攻牙螺絲
(尖頭)

伺服馬達組內附三種舵臂，我們只會使用到單邊的短舵臂

舵臂螺絲
(短螺絲)

8 麵包板 1 個 (顏色隨機出貨)

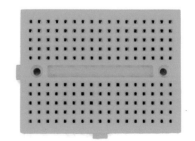

⑨ AAA (4 號) 電池盒 1 個

⑫ 排針 1 排

⑮ 神祕寶盒紙板、內置隔板各 1 片

⑩ 10 cm 公母杜邦端子線 1 組

⑬ M3 螺絲螺帽 2 組

(額外 1 組為備用)

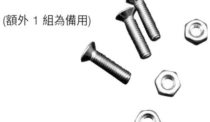

⑪ 20 cm 公母杜邦端子線 1 組

⑭ 黑色絕緣膠帶 1 捲

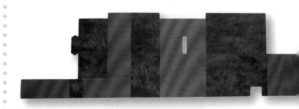

16 拆彈專家炸彈控制盒紙板 1 片、炸彈造型紙板 5 片

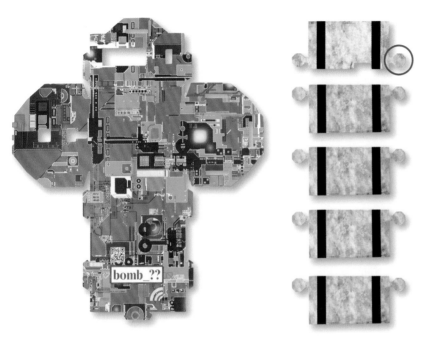

17 數字鍵盤圖紙、通關線索卡各 1 張

(此項於手冊 P.19, 可自行剪下使用, 也可以自行設計獨特圖樣)

您要自備的部分

本套件需要自備的有：十字螺絲起子 (一大一小)、4 號電池 4 顆。這是家裡平常都有、也是很容易取得的工具：

小一點可用來鎖 M2 螺絲 (如伺服馬達螺絲)；對 M3 螺絲來說，雖略小些，但都能正常使用

家電也很常用的這隻，適合 M3 螺絲，但對 M2 螺絲來說，有點大！

AAA (慣稱 4 號) 電池 4 顆，建議使用 Alkaline 強力鹼性、或鎳氫充電式等可提供大電流電池

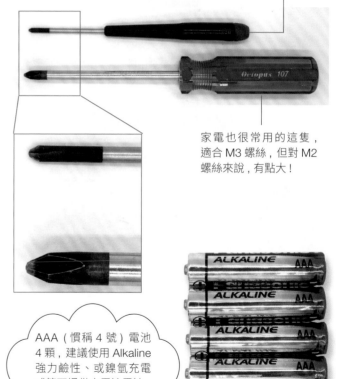

7

置入電子元件

⭐ **需要的零件**

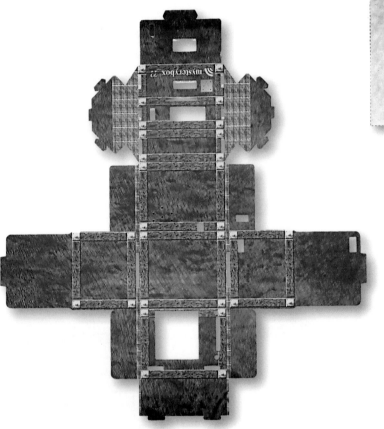

寶盒紙板

數字鍵盤圖紙

16 路觸控開關模組

4 位數顯示器

黑色絕緣膠帶

伺服馬達及配件螺絲

1. 將**寶盒紙板**折線部分先稍微折過較易組裝 (寶盒每道皆為由印刷面向內折)

展示影片 & 組裝教學

2. 取出 **4 位數顯示器**由內向外穿出中間方孔

先將排針一側穿出

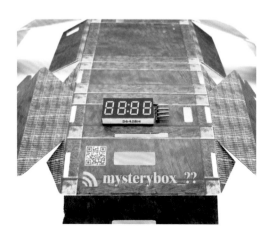

3. 將**伺服馬達**由外而內置入上方方孔 (帶線組側先斜放入)

4. 使用較小支螺絲起子將**伺服馬達**配件的**攻牙螺絲**鎖入紙板固定馬達

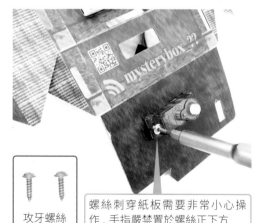

攻牙螺絲

螺絲刺穿紙板需要非常小心操作,手指嚴禁置於螺絲正下方

9

5. 將伺服馬達線組由內而外穿出

6. 依照折線將盒體前後折起

折線

7. 再將寶盒左右兩側折起並將前後延伸部分折入

注意側邊兩道折線需確實折到

8. 確認紙板卡入後固定，再以相同方法折好另外一側

確認紙板凸起邊緣正確穿過

9. 接著要完成上蓋的部分，先將上蓋一側的兩個三角形折起，再將側翼依照兩道折痕折起

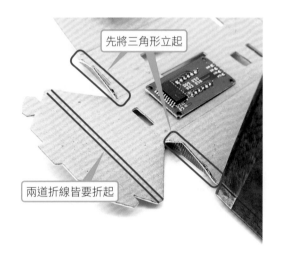

先將三角形立起

兩道折線皆要折起

10. 將側翼對折同時將三角形藏入，先扣上中間再扣上斜邊

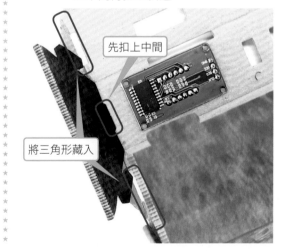

先扣上中間

將三角形藏入

11. 以相同方法完成另外一邊

12. 將伺服馬達的紙板部分往內折入並扣上

折入後馬達面會與側邊齊平

13. 完成上蓋組裝後，取出**數字鍵盤圖紙**依粗線位置對折覆蓋**觸摸開關模組**

沒有針腳凸起面與數字同面

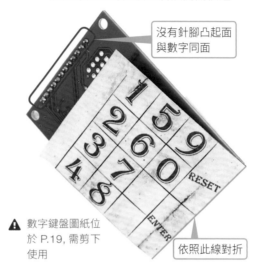

⚠ 數字鍵盤圖紙位於 P.19，需剪下使用

依照此線對折

14. 使用**黑色絕緣膠帶**對齊前段貼住數字鍵盤圖紙

15. **觸摸開關模組**的另外一面也將圖紙貼起後就剩下電路組裝的部分了

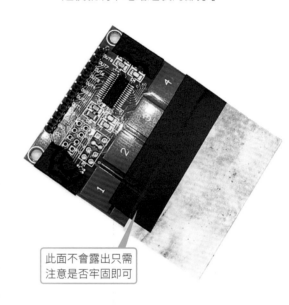

此面不會露出只需注意是否牢固即可

組裝電路

⭐ **需要的零件**

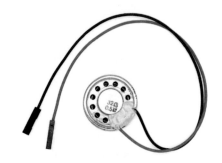
喇叭

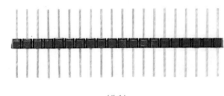
排針

D1 mini 控制板

杜邦線組 (10 cm 與 20 cm)

M3 螺絲螺母各 2 顆

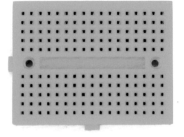
麵包板

內置隔板

1. 將 **D1 mini 控制板**疊插於**麵包板**上

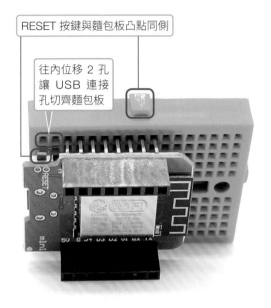

RESET 按鍵與麵包板凸點同側

往內位移 2 孔
讓 USB 連接
孔切齊麵包板

⚠ 注意每支針腳須正確插入每個孔位，若針腳彎曲
可直接用手輕輕扳正

2. 輕壓兩側將控制板插到底

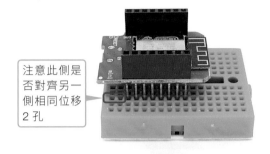

注意此側是
否對齊另一
側相同位移
2 孔

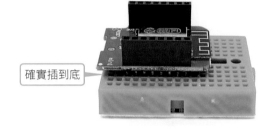

確實插到底

⚠ 麵包板的表面有很多的插孔。插孔下方有相連的
金屬夾，當零件的接腳插入麵包板時，實際上是
插入金屬夾，進而和同一條金屬夾上的其他插孔
上的零件接通。

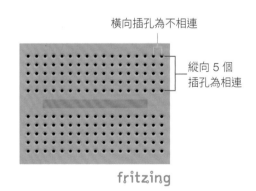

橫向插孔為不相連

縱向 5 個
插孔為相連

fritzing

3. 取出**短** (10 cm) 杜邦線**橘**、**紅**、**棕** (每
條杜邦線功能皆相同，若無相同顏色可
用其他顏色代替)，將公頭 (帶針端) 插
於麵包板與控制板上

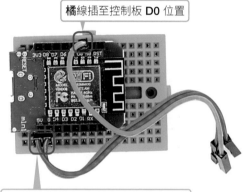

橘線插至控制板 **D0** 位置

紅、**棕**分別插至 **5V**、**G** 下方麵包板上

⚠ 杜邦線是二端已經做好接頭的導線，可以很方便
地用來連接 D1 mini、麵包板、及其他各種電子
元件。杜邦線的接頭可以是公頭 (針腳) 或是母
頭 (插孔)，如果使用排針可以將杜邦線或裝置上
的母頭變成公頭：

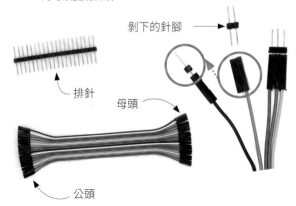

剝下的針腳

排針

母頭

公頭

13

4. 折下 2 段 3 支排針，並插至麵包板上

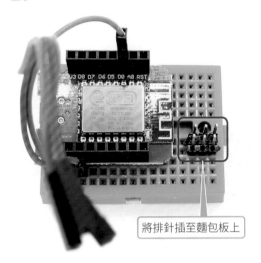

將排針插至麵包板上

5. 將**橘紅棕**杜邦線另外一端母頭插至麵包板上之排針

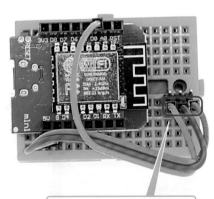

由左至右依序插上**橘紅棕**色至第 2 橫排

6. 將已裝到寶盒的**伺服馬達**線組（橘紅棕）插至麵包板上之排針，對應上一步驟從控制板接出來之橘紅棕杜邦線

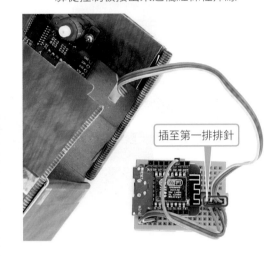

插至第一排排針

7. 取出長 (20 cm) 杜邦線**黃橘紅棕** 4 條，將公頭插至控制板上

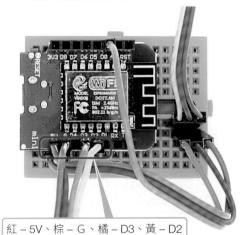

紅 – 5V、棕 – G、橘 – D3、黃 – D2

8. 接著將**黃橘紅棕**另一端母頭由盒內向外穿出上蓋並依序插至 4 位數顯示器

黃 – CLK、橘 – DIO、紅 – VCC、棕 – GND

9. 取出貼好圖紙的**觸摸開關模組**和 4 條**短**杜邦線（綠藍紫灰），將母頭端插至觸摸開關模組 4 個腳位

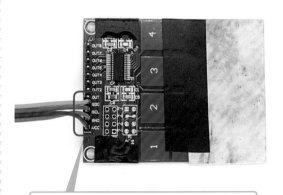

綠 – SDO、藍 – SCL、灰 – GND、紫 – VCC

10. 將插好杜邦線的觸摸開關模組放入寶盒中 (針腳朝**內**)，對齊上下螺絲孔後，使用 M3 螺絲螺帽組固定

針腳朝內

使用 M3 螺絲由外而內穿入再用螺帽栓緊固定

11. 觸摸開關模組上的杜邦線另一端公頭則插至**控制板**與**麵包板**

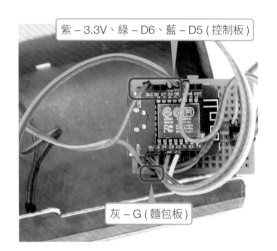

紫 – 3.3V、綠 – D6、藍 – D5 (控制板)

灰 – G (麵包板)

12. 取出**喇叭**後，折下 2 支排針分別插至喇叭紅黑杜邦線上

13. 將插好排針的杜邦線插至**麵包板**上

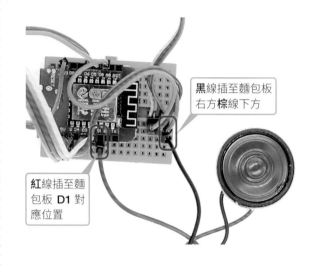

黑線插至麵包板右方**棕線**下方

紅線插至麵包板 D1 對應位置

14. 取出**電池盒** (先不要安裝電池) 並將紅黑杜邦線插至**麵包板**上

黑線對齊棕線

電池盒**紅線**對齊**紅線**

15. 先將**內置隔板**紙板依照折線折好 (純色部分為垂直面)

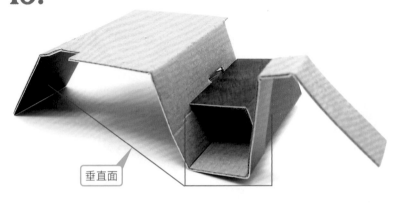

垂直面

16. 將先前插好線路的的控制板放入寶盒底部並靠向左上方 (控制板的 USB 連接座朝左側) , 稍微整理杜邦線的走向

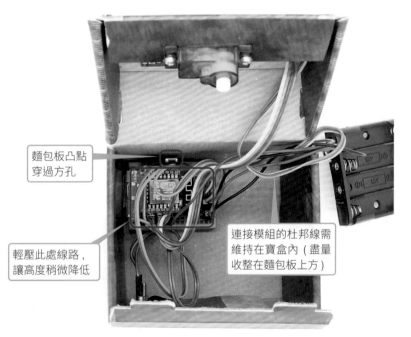

麵包板凸點穿過方孔

輕壓此處線路，讓高度稍微降低

連接模組的杜邦線需維持在寶盒內 (盡量收整在麵包板上方)

17. 將折好的**內置隔板**放入寶盒

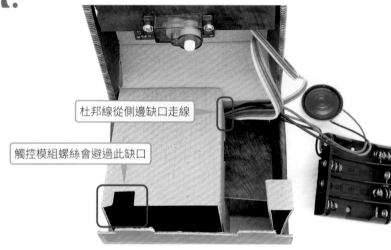

杜邦線從側邊缺口走線

觸控模組螺絲會避過此缺口

18. **喇叭**向後置入盒內

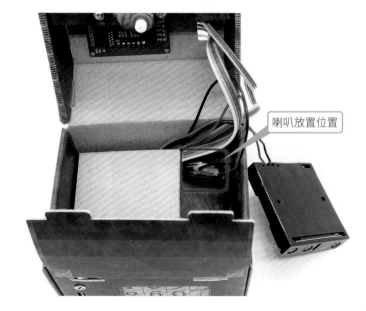

喇叭放置位置

19. 將**觸摸開關模組**上方的紙板卡扣扣上

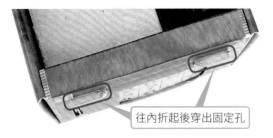

往內折起後穿出固定孔

20. 裝上**電池**前確保手沒有接觸到數字盤，待聽到**馬達**轉動聲後即可將電池**取下**，我們還缺最後一個零件尚未安裝

通電後馬達會先轉至解鎖位置，馬達會有一次轉動**聲音**，這時就必須將電源移除，若不小心誤觸鍵盤則會聽到第二次馬達轉動聲轉至上鎖位置，若斷電前不小心誤觸，就必須再次操作

21. 確認馬達只有一次轉動後斷電，並取出**伺服馬達**單邊**短**舵臂套上伺服馬達**齒輪**上

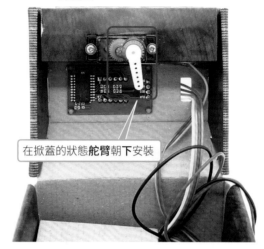

在掀蓋的狀態**舵臂**朝下安裝

22. 先裝上電池，確認舵臂在**開蓋**的狀態是朝**下**，這時按下數字盤上任意按鍵，確認舵臂往**上**轉動（即是上鎖位置），若位置不正確可取下**舵臂**再次重複上一步驟

⚠ 注意在通電後不要用手轉動舵臂，馬達會根據程式維持在特定角度，若強行扳動將造成馬達損毀！

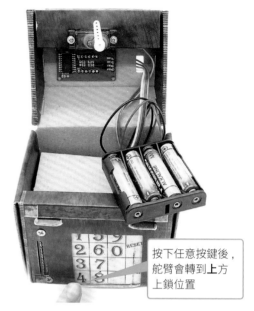

按下任意按鍵後，舵臂會轉到上方上鎖位置

23. 確認舵臂位置正確後，取出**舵臂螺絲**將舵臂固定

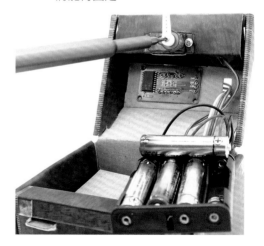

2-2 如何進行神秘寶盒？

情境介紹

各位冒險者們，你們好，歡迎來到旗標ROOM。

當你們進入此房間時，回頭的路就已經被摧毀了，而前往下一個關卡的方法，就僅剩那道已上鎖的門，為了打開門鎖建議你們先找一些**線索**。

這裡給你們一個提示，請善用你們僅有的一支**手機**，因為那是至關重要的物品。

最後提醒你們，任何沒有謹慎思考過的行為，都將導致**無法挽回**的後果，那麼，言盡於此，祝你們好運！

寶盒介紹與設定方法

這一章的開頭已經將神祕寶盒組裝完成了，接下來讓我們看看如何操作與設定它。

⭐ 事前設定

首先裝上電池，確認寶盒已接上電源，控制板上**藍燈**恆亮 (可從內置隔板旁邊的縫隙觀察)。

將自己準備好的鑰匙或是本套件內附的**線索卡** (後面的關卡會用到) 放進寶箱後，蓋上蓋子，並任意按一個鍵即可讓寶箱上鎖。

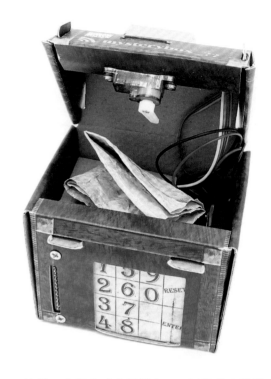

這樣一來便完成事前設定，可以將此寶箱放置在密室中的任意一個位置。

如果蓋子沒蓋，鎖頭就已經上鎖怎麼辦？

立即掌握神技巧

如果你在蓋上蓋子前誤觸按鍵，導致鎖頭已上鎖，可以將其中一個電池移除後，再重新通電，這樣鎖頭就會恢復了。

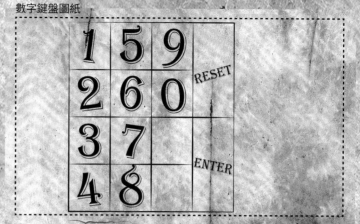

FLAGSROOM

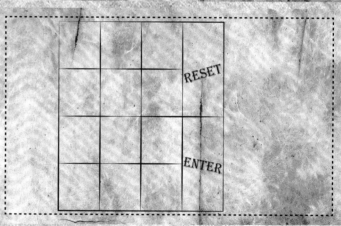

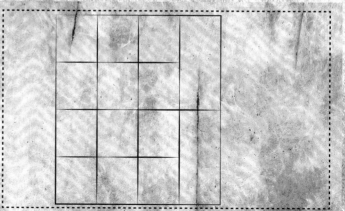

請沿線裁切

19

⭐ 正確玩法

玩家必須先找
到此寶箱，並
透過寶箱上的
提示，使用手
機連接到寶箱
的 Wi-Fi 熱點
mysterybox_??
(?? 為每一片控
制板獨特的編
號，用來辨別不
同的裝置)：

接著掃描盒子
上的 QR code,
或是開啟手
機中的瀏覽
器，在網址列
的地方輸入
"192.168.4.1"：

看到以下畫面
後，按**開始**按
鈕，此時畫面
中的 9 宮燈會
開始輪流閃爍，
玩家必須將燈
號閃爍的順序
記憶下來：

⚠ 玩家總共需記憶 10 個燈號，如果只有一個人在
記憶，難度就會很高，但如果大家一起記，例如約
定好一個人負責記 3 個，就簡單多了，因此這個
關卡也是在考驗團隊合作。

在寶箱的觸控面板上輸入剛剛記憶下來的燈
號，輸入完後按下 **Enter**：

⚠ 若是邊緣按鍵較難感應，可手動將數字盤方孔放大。

如果輸入正確
的話，寶箱即
會打開，輸入
錯誤則需要再
重新按下網頁
中的**開始**，並
再記憶一次：

玩家打開寶箱後，便能取得其中的鑰匙，或
是線索卡。

3

用積木設計程式

組裝完神秘寶盒並享受解謎的快感後，這一章我們要來看看如何控制寶盒的各個元件，學習控制板的基本知識並撰寫程式，最後製作出一個個有趣又實用的範例。

3-1 D1 mini 控制板簡介

D1 mini 是一片單晶片開發板，你可以將它想成是一部小電腦，可以執行透過程式描述的運作流程，並且可藉由兩側的輸出入腳位控制外部的電子元件，或是從外部電子元件獲取資訊。只要使用前一章使用過的杜邦線，就可以將電子元件連接到輸出入腳位。

另外 D1 mini 還具備 Wi-Fi 連網的能力，可以將電子元件的資訊傳送出去，也可以透過網路從遠端控制 D1 mini。

內建 LED 燈

輸出入腳位旁邊都有標示編號

3-2 降低入門門檻的 Flag's Block

了解了控制板後，我們要讓它真正活起來，而它的靈魂就是運行在上面的程式，為了降低學習程式設計的入門門檻，**旗標**公司特別開發了一套圖像式的積木開發環境 - Flag's Block，有別於傳統文字寫作的程式設計模式，Flag's Block 使用積木組合的方式來設計邏輯流程，加上全中文的介面，能大幅降低一般人對程式設計的恐懼感。

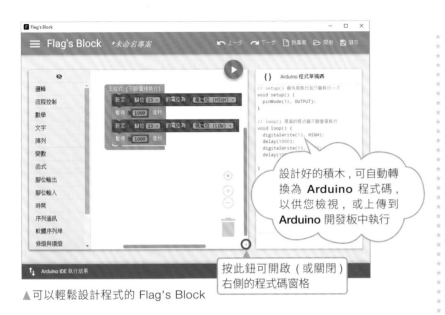

設計好的積木，可自動轉換為 **Arduino** 程式碼，以供您檢視，或上傳到 **Arduino** 開發板中執行

按此鈕可開啟（或關閉）右側的程式碼窗格

▲可以輕鬆設計程式的 Flag's Block

3-3 使用 Flag's Block 開發程式

安裝 Flag's Block (Windows)

請使用瀏覽器連線 https://www.flag.com.tw/download/FlagsBlock.exe 下載 Flag's Block, 下載後請雙按該檔案, 如下進行安裝：

如果出現風險警告視窗，請按**其他資訊**，然後再按**仍要執行**鈕進行安裝

❶ 將資料夾修改為 "C:\"

❷ 按此鈕開始解壓縮安裝

⚠ 安裝資料夾路徑請不要使用中文字元，以確保開發程式可以正確運行。

安裝完畢後, 請執行『**開始 / 電腦**』命令, 切換到 "C:\FlagsBlock" 資料夾, 依照下面步驟開啟 Flag's Block 然後安裝驅動程式：

❶ 雙按 Start.exe 檔案

安裝 Flag's Block (macOS)

請使用瀏覽器連線 https://www.flag.com.tw/download/FlagsBlock. dmg 下載程式，下載完成後雙按該檔案，如下進行安裝：

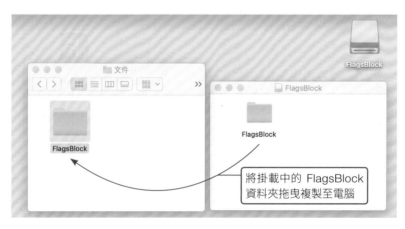

將掛載中的 FlagsBlock 資料夾拖曳複製至電腦

若出現 **Windows 安全性警訊**（防火牆）的詢問交談窗，請選取**允許存取**

完成後打開複製好的 FlagsBlock 資料夾：

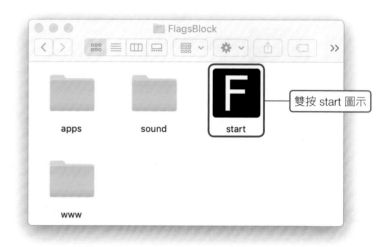

雙按 start 圖示

第一次開啟應用程式會出現安全性相關警告，只需允許過後，下次開啟便不會再出現：

若出現此畫面點擊『**好**』

若遇到**安全性偏好設定**問題，按一下 Dock 中的『**系統偏好設定**』圖像，或選擇『**蘋果選單 / 系統偏好設定 ...**』，再進入『**安全性與隱私權**』設定：

按下**強制打開**

若是出現**未識別的開發者**問題則直接按下『**打開**』：

按下**打開**

設定 Flag's Block

若您之前已安裝過驅動程式，可按**確定**鈕直接進行設定

❷ 由於要先安裝 USB 驅動程式，請按**取消**鈕關閉交談窗

❸ 按此鈕開啟選單

❹ 按『**安裝驅動程式**』命令

選擇 **D1 mini**

⚠ masOS 版本按下會出現安裝程式畫面，接連按下**繼續**後，等待安裝完成並**重新開機**。

❺ 請選**是**允許安裝

❻ 按此鈕進行安裝

安裝成功了！

連接 D1 mini

由於在開發 D1 mini 程式之前，要將 D1 mini 開發板插上 USB 連接線，所以請將 USB 連接線由寶盒側邊接上 D1 mini 控制板的 USB 孔，USB 線另一端則接上電腦：

masOS 版本 Flag's Block 設定畫面會顯示裝置名稱，故不需執行此步驟。接著在電腦左下角的開始圖示 ⊞ 上按右鈕執行『**裝置管理員**』命令 (Windows 10 系統)，或執行『**開始 / 控制台 / 系統及安全性 / 系統 / 裝置管理員**』命令 (Windows 7 系統)，來開啟裝置管理員，尋找 D1 mini 控制板使用的序列埠：

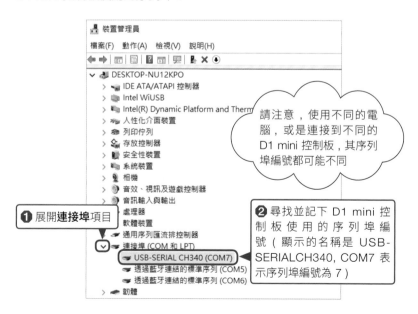

❶ 展開**連接埠**項目

請注意，使用不同的電腦，或是連接到不同的 D1 mini 控制板，其序列埠編號都可能不同

❷ 尋找並記下 D1 mini 控制板使用的序列埠編號 (顯示的名稱是 USB-SERIALCH340, COM7 表示序列埠編號為 7)

找到 D1 mini 板使用的序列埠後，請如下設定 Flag's Block：

① 按此鈕開啟選單

② 執行『設定』命令

③ 從下拉式選單選擇 (masOS 版本選擇『/dev/cu.wchusbserial...』序列埠名稱)

④ 選擇 Wemos D1 mini

⑤ 設定完畢後按此鈕返回

目前已經完成安裝與設定工作，接下來我們就可以使用 Flag's Block 開發 D1 mini 程式。

Lab 1 閃爍 LED 燈

⭐ 實驗目的

學習在程式中利用延遲及改變輸出狀態的積木，讓 LED 達到閃爍效果。

⭐ 設計原理

為了方便使用者，D1 mini 板上已經內建了一個藍色 LED 燈，這個 LED 的負極連接到 D1 mini 的腳位 D4，LED 正極則連接到高電位處。

只要讓 LED 的正極接上高電位，負極接低電位，產生高低電位差讓電流流過即可發光，所以我們在程式中將 D1 mini 腳位 D4 設為低電位，即可點亮這個內建的 LED 燈。

⭐ 設計程式

請開啟 Flag's Block，然後如下操作：

② 拉曳此積木到**主程式 (不斷重複執行)** 內

① 按一下**腳位輸出**以展開類別

③ 按此箭頭選擇 **D4**

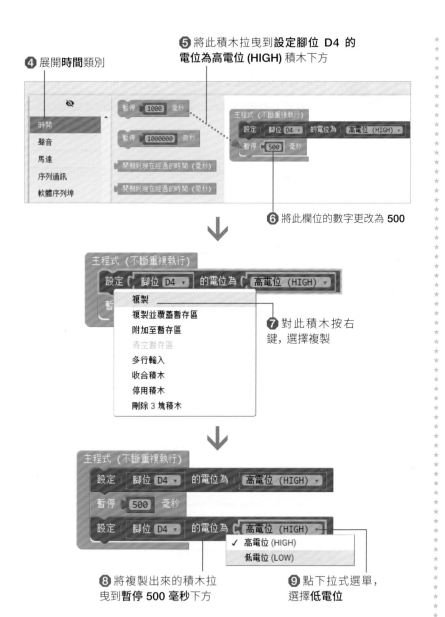

④ 展開**時間**類別

⑤ 將此積木拉曳到**設定腳位 D4 的電位為高電位 (HIGH)** 積木下方

⑥ 將此欄位的數字更改為 500

⑦ 對此積木按右鍵，選擇複製

⑧ 將複製出來的積木拉曳到**暫停 500 毫秒**下方

⑨ 點下拉式選單，選擇**低電位**

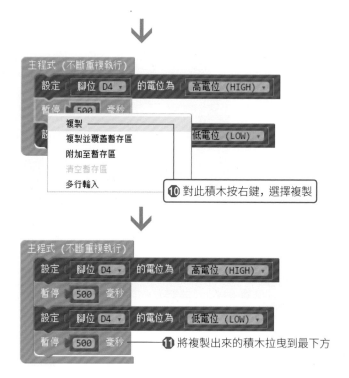

⑩ 對此積木按右鍵，選擇複製

⑪ 將複製出來的積木拉曳到最下方

設計到此，就已經大功告成了。

⭐ 程式解說

所有在**主程式 (不斷重複執行)** 內的積木指令都會一直重複執行，直到電源關掉為止，因此程式會先將高電位送到 LED 腳位，暫停 500 毫秒後，再送出低電位，再暫停 500 毫秒，這樣就等同於 LED 一下沒通電一下通電，而我們看到的效果就會是閃爍的 LED。

⭐ 儲存專案

程式設計完畢後,請先儲存專案:

按**儲存**鈕即可儲存專案

如果是新專案第一次儲存,會出現交談窗讓您選擇想要儲存專案的資料夾及輸入檔名:

❶ 切換到想要儲存專案的資料夾

❷ 輸入專案名稱 (在儲存時會自動加上副檔名而成為 Lab1.xml)

❸ 按此鈕儲存

如果看不到儲存鈕

軟體補給站

如果因為畫面太窄看不到儲存鈕,請開啟選單即可執行『**儲存**』命令:

❶ 按此鈕開啟選單

❷ 執行『**儲存**』命令

開啟已儲存的專案或範例專案

軟體補給站

日後若您想要重新開啟之前儲存的專案,請如下操作:

❶ 按**開啟**鈕

→ 接下頁

② 切換到存放專案的資料夾

③ 選擇想要開啟的專案

④ 按此鈕即可開啟

為了方便本書的讀者，Flag's Block 已經內建書中所有的範例專案，您可以直接開啟使用：

① 按此鈕開啟選單

② 展開 **範例** / 密室逃脫：神秘寶盒 & 拆彈專家

③ 選擇您想要開啟的範例專案

⭐ 將程式上傳到 D1 mini 板

為了將程式上傳到 D1 mini 板執行，請先確認 D1 mini 板已用 USB 線接至電腦，然後依照下面說明上傳程式：

① 按此鈕開始上傳程式

② 如果出現 **Windows 安全性警訊** (防火牆) 的詢問交談窗，請選取 **允許存取**

由於燒錄過程需要花一點時間，請耐心等候

正在透過 Arduino 開發環境上傳程式

⚠ Arduino 開發環境 (IDE) 是創客界中最常被使用的程式開發環境，使用的是 C/C++ 語言，Flag's Block 就是將積木程式先轉換為 C/C++ 程式碼後，再上傳到 D1 mini 上。

按此處可以關閉訊息窗格

上傳成功

上傳成功後，即可看到 LED 不斷地閃爍。

若您看到紅色的錯誤訊息，請如下排除錯誤：

此訊息表示電腦無法與 D1 mini 連線溝通，請將連接 D1 mini 的 USB 線拔除重插，或依照前面的說明重新設定序列埠

3-4 寶盒的音效 - 喇叭

喇叭的正式名稱為**揚聲器**，是一種將電子訊號轉換成聲音的元件，整個結構包含了線圈、磁鐵及震膜，聲音是由於物體震動所產生的，當線圈通電時便是電磁鐵，會與磁鐵相吸，而當線圈不通電時又回復原本的狀態，因此只要不停的切換線圈的通電狀態，就會造成震膜的震動，進而發出聲音。

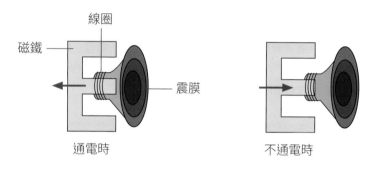

通電、不通電，一直反覆切換便會產生震動，進而發出聲音

例如 C 大調的 Do 頻率約為 261Hz，所以只要讓喇叭震膜每秒震動 261 次，就可以讓喇叭發出這個音。

知道喇叭如何運作後，以下我們會使用喇叭來實作一個電子音樂盒。

⭐ 實驗目的

利用程式控制喇叭播放一段旋律,打造如同音樂盒的效果。

⭐ 設計原理

控制喇叭就像控制 LED 閃爍一樣,只要快速切換高低電位即可,但是如果要寫程式來播放音樂,隨便一小段音樂都有數十個音,用上述的方式實在太麻煩了,為了方便您用 D1 mini 播放歌曲,Flag's Block 特別提供了一個簡譜播放音樂的積木:

設定 腳位 D0 的喇叭/蜂鳴器用簡譜 " 1 2 3 4 5 6 7 " 播放音樂, 一拍長度 300 ms

⭐ 簡譜

簡譜是一種用數字來表示音名的記譜方式,以 C 大調為例:

音名	1	2	3	4	5	6	7
唱名	Do	Re	Mi	Fa	Sol	La	Si

⭐ 高低音

若是表示高音則在數字上面加上 · 點符號,低音則是在數字下面加上 · 點符號:

5（高音）　5（中音）　5（低音）

在電腦打字時無法於數字上下方加點,我們將會改用 ^ 符號表示上方的點,. 符號表示下方的點,所以 1^ 是高音 Do, 1. 是低音 Do。

⭐ 音的長短

簡譜是以 - 橫線來表示音的長短:

四拍	1---	全音符
二拍	1-	二分音符
一拍	1	四分音符
半拍	1	八分音符
1/4 拍	1	十六分音符
1/8 拍	1	三十二分音符

電腦打字時無法於數字下方加橫線,我們將會改用 _ 符號表示下方的橫線,所以 1- 是二拍 Do, 1--- 是四拍 Do, 1_ 是半拍 Do, 1__ 是 1/4 拍 Do, 1___ 是 1/8 拍 Do。

⭐ 其他

使用積木時,高低音要先於音的長短,例如 1^- 表示高音二拍的 Do。另外 0 代表休止符,空白則沒有意義可以拿來分組。

⚠ 關於簡譜的詳細說明,請參見 http://bit.ly/nummusic 或 https://zh.wikipedia.org/wiki/ 簡譜。

⭐ 設計程式

請啟動 Flag's Block 程式，然後如下操作：

1. 先加入 SETUP 設定積木：

❷ 加入變數 / 變數積木　　❶ 加入流程控制 / SETUP 設定積木

◎ 開始

SETUP 設定

主程式 (不斷重複執行)

重複執行

加入流程控制 /SETUP 設定積木

> D1 mini 開機後會先執行 SETUP 設定積木內的程式一次，結束後則不斷重複執行主程式積木內的程式。由於我們只要讓音樂盒播放一次音樂，因此會將程式都放在 SETUP 設定內。

2. 設計音樂：

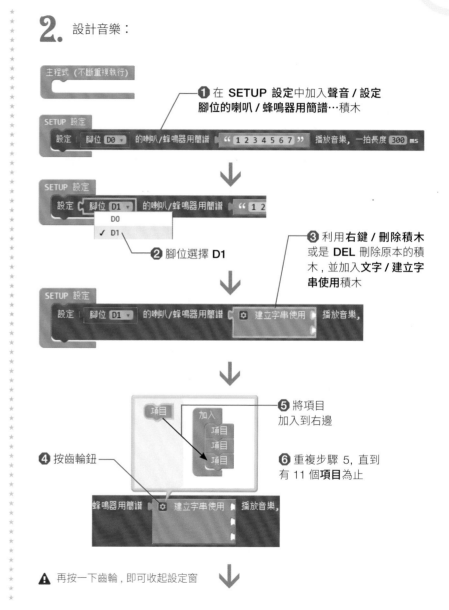

❶ 在 SETUP 設定中加入聲音 / 設定腳位的喇叭 / 蜂鳴器用簡譜…積木

❷ 腳位選擇 D1

❸ 利用右鍵 / 刪除積木或是 DEL 刪除原本的積木，並加入文字 / 建立字串使用積木

❺ 將項目加入到右邊

❹ 按齒輪鈕

❻ 重複步驟 5，直到有 11 個項目為止

⚠ 再按一下齒輪，即可收起設定窗

33

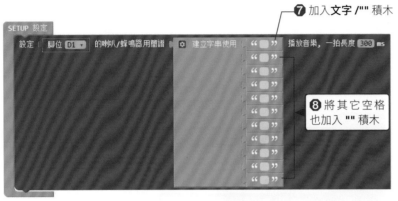

⓻ 加入**文字 /""** 積木

⓼ 將其它空格
也加入 **""** 積木

⚠ 使用滑鼠右鍵 / 複製或是 **Ctrl+C**、
Ctrl+V, 可以快速複製、貼上積木。

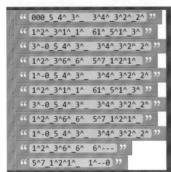

```
" 000_5_4^_3^_    3^4^_3^2^_2^ "
" 1^2^_3^1^_1^    61^_5^1^_3^ "
" 3^-0_5_4^_3^    3^4^_3^2^_2^ "
" 1^2^_3^6^_6^  5^7_1^2^1^_ "
" 1^-0_5_4^_3^    3^4^_3^2^_2^ "
" 1^2^_3^1^_1^    61^_5^1^_3^ "
" 3^-0_5_4^_3^    3^4^_3^2^_2^ "
" 1^2^_3^6^_6^  5^7_1^2^1^_ "
" 1^-0_5_4^_3^    3^4^_3^2^_2^ "
" 1^2^_3^6^_6^  6^--- "
" 5^7_1^2^1^    1^--0 "
```

⓽ 按照下表將**告白氣球**的簡譜寫入積木中:

項目	內容
1	000_5_4^_3^_ 3^4^_3^2^_2^
2	1^2^_3^1^_1^ 61^_5^1^_3^
3	3^-0_5_4^_3^_ 3^4^_3^2^_2^
4	1^2^_3^6^_6^ 5^7_1^2^1^_
5	1^-0_5_4^_3^_ 3^4^_3^2^_2^
6	1^2^_3^1^_1^ 61^_5^1^_3^
7	3^-0_5_4^_3^_ 3^4^_3^2^_2^
8	1^2^_3^6^_6^ 5^7_1^2^1^_
9	1^-0_5_4^_3^_ 3^4^_3^2^_2^
10	1^2^_3^6^_6^ 6^---
11	5^7_1^2^1^_ 1^--0

修改為 **500**

---

3. 完成後請按右上方的**儲存**鈕存檔為 Lab02。完整的程式如下:

⭐ **實測**

按右上方的 ▶ 鈕上傳後, 喇叭便會放出**告白氣球**的旋律, 如果想再聽一次就要按下 D1 mini 上的 **Reset** 鈕 (未裝入寶盒狀態)。

Reset 鈕
在這裡

fritzing

3-5 跟寶盒互動 - 觸控開關

傳統的機械式按鈕，在操作時通常需要稍微用點力，而且還會發出聲響，另外使用久了也容易因老化或磨損而失靈。

觸控按鈕則具備操作容易、安靜、美觀耐用等特性，在現代生活中已逐漸取代傳統的機械開關。例如觸控燈、手機、鬧鐘、微波爐、冷氣機、血壓計 ... 等等，都常可見到觸控開關的蹤影。

觸控開關的原理，就是利用電容來感測人體 (手指) 的觸摸，下圖是本套件使用的觸控按鈕模組：

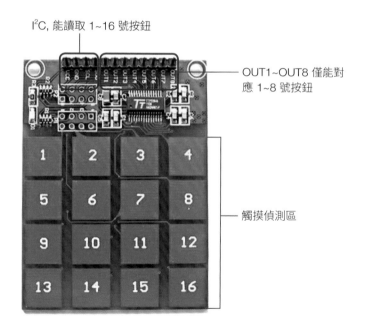

I²C, 能讀取 1~16 號按鈕

OUT1~OUT8 僅能對應 1~8 號按鈕

觸摸偵測區

Lab 3 電子鋼琴

⭐ 實驗目的

將觸控開關結合喇叭，製作一個可以用手觸控彈奏的電子鋼琴。

⭐ 設計原理

為了讀取 8 個以上的按鈕我們會採用 I²C 作為通訊介面，I²C 由 SDA (Serial Data, 資料) 和 SCL (Serial Clock, 時脈) 兩條線所構成，只要使用兩條線就可以傳輸資料和串接裝置：

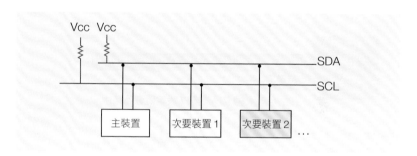

因此本實驗中我們會利用 SDA、SCL 腳位來讀取 12 個按鈕，並將按鈕依序對應上 C 大調的低音 La 到高音 Mi。

以下為按鈕、音名、唱名與頻率 (每秒次數, Hz) 的對照表：

按鈕	1	2	3	4	5	6	7	8	9	10	11	12
音名	6̣	7̣	1	2	3	4	5	6	7	1̇	2̇	3̇
唱名	La	Si	Do	Re	Mi	Fa	So	La	Si	Do	Re	Mi
頻率	220	247	262	294	330	349	392	440	494	523	587	659

⭐ 設計程式

請啟動 Flag's Block 程式，然後如下操作：

1. 啟用 16 鍵觸控模組：

❶ 加入**流程控制 /SETUP 設定**積木

❷ 加入**感測器 / 啟用⋯16 鍵控制模組**積木

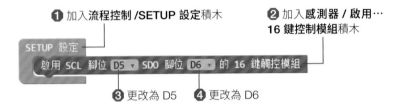

❸ 更改為 D5　❹ 更改為 D6

2. 設定喇叭變數

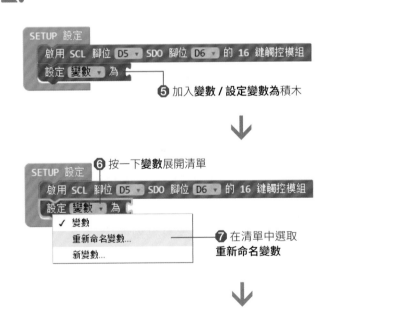

❺ 加入**變數 / 設定變數為**積木

❻ 按一下**變數**展開清單

❼ 在清單中選取**重新命名變數**

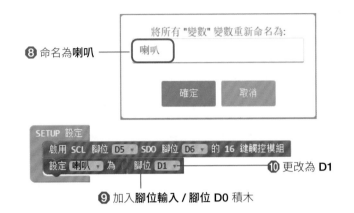

❽ 命名為**喇叭**

❿ 更改為 **D1**

❾ 加入**腳位輸入 / 腳位 D0** 積木

⚠ 『變數』可以幫助程式中用到的資料、裝置或是腳位取名字，讓程式容易閱讀與理解

3. 讀取觸控開關狀態：

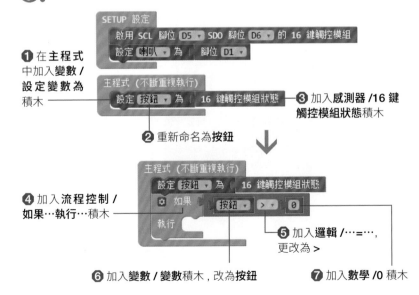

❶ 在**主程式**中加入**變數 / 設定變數為**積木

❸ 加入**感測器 /16 鍵觸控模組狀態**積木

❷ 重新命名為**按鈕**

❹ 加入**流程控制 / 如果⋯執行⋯**積木

❺ 加入**邏輯 /⋯=⋯**，更改為 >

❻ 加入**變數 / 變數**積木，改為**按鈕**

❼ 加入**數學 /0** 積木

4. 利用讀到的狀態讓喇叭發出對應的頻率：

如果讀到 0 代表沒有觸控開關被按到，因此這裡用 >0 判斷使用者有沒有觸控開關。

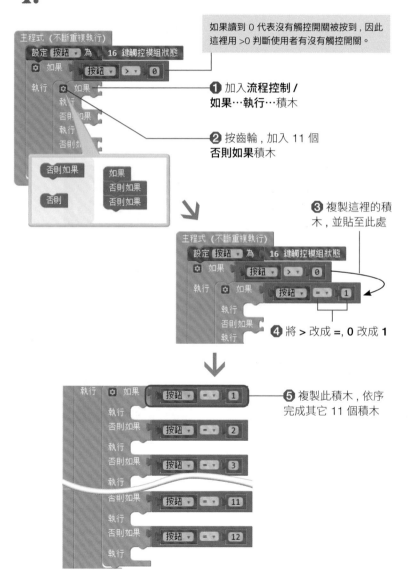

❶ 加入**流程控制 /
如果…執行…**積木

❷ 按齒輪，加入 11 個
否則如果積木

❸ 複製這裡的積木，並貼至此處

❹ 將 > 改成 =, 0 改成 **1**

❺ 複製此積木，依序完成其它 11 個積木

❻ 加入**聲音 / 設定變數的喇叭 /
蜂鳴器發出聲音 頻率**…

❼ 更改為**喇叭**

❽ 更改為 **220**

❾ 更改為 **200**

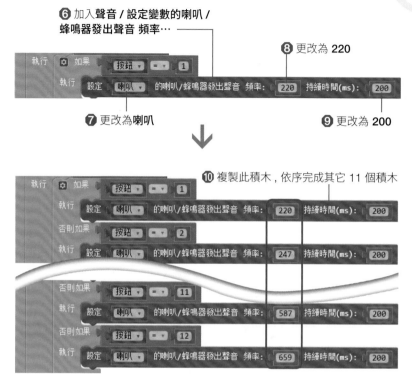

❿ 複製此積木，依序完成其它 11 個積木

⚠ 聲音的頻率請參考設計原理中的對照表。

5. 完成後請按右上方的**儲存**鈕存檔為 Lab03。完整的程式可以參考 ☰ / **範例 / 密室逃脫 /LAB03** 電子鋼琴。

⭐ 實測

按右上方的 ▶ 鈕上傳後，試著按不同的按鈕，即可聽到不同的音調。

3-6 寶箱的螢幕 — 4 位數顯示器

本套件使用的顯示模組可以顯示 4 位數字，在程式中控制時要先使用 **TM1637 4 位數顯示器**分類下的**使用 CLK ... DIO ... 建立名稱為 ... 的 4 位數顯示器**積木設定：

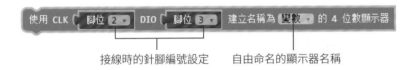

接線時的針腳編號設定　　自由命名的顯示器名稱

這個積木是控制顯示器前必要的準備工作，因此必須放在 **SETUP 設定**積木內，再加上其它積木調整顯示器：

先清除畫面　　亮度可設定為 0~7

接著，我們就可以使用 **TM1637 4 位數顯示器**分類下的**在 4 位數顯示器 ... 位置 0 以 4 位數顯示 0** 積木來顯示數字：

選取顯示器的名稱　　從 4 位數的哪一個位置當成顯示的開頭

個別位置對應的編號如下：

積木中的第 3 個欄位則是總共要使用幾個位置顯示，舉例來說，從不同位置以 2 位數顯示 32，結果如下：

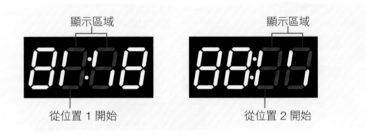

顯示區域　　　　　　　　　顯示區域

從位置 1 開始　　　　　　　從位置 2 開始

這個積木還有**補 0** 及**冒號**選項，同樣以顯示 32 為例，若選擇從位置 1 開始以 3 位數顯示，沒有勾選與勾選**補 0** 的差異如下：

顯示區域　　　　　　　　　顯示區域

32 只有 2 位數，所以最前面一位留空　　勾選**補 0** 最前面這一位就會顯示 0

若勾選了**冒號**選項，那麼當位置 1 包含在顯示區域內時就會顯示冒號。例如從位置 1 及位置 2 以 2 位數顯示 3，並勾選**冒號**選項時的差異如下：

位置 1 在顯示區域內，
所以顯示冒號

位置 1 不在顯示區域內，
不會顯示冒號

要特別留意的是，不在顯示區域內的位置會保留原本的狀態。例如原來
冒號有顯示，而您使用上述積木在位置 3 顯示 1 位數字 3，那麼冒號仍
然會亮著。如果需要清除冒號，可以先清除畫面，或者使用以下積木清
除個別位置：

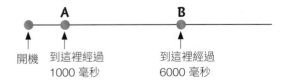

要清除 (熄滅燈光)
的位置

計時的技巧

在前面的實驗中，我們使用過**暫停 ... 毫秒**積木，倒數計時當然也可以暫
停 1000 毫秒後更新顯示的秒數，一路倒數完畢。不過這樣做有個問題，
就是**暫停 ... 毫秒**積木是讓程式暫停運作，若因為計時而導致暫停期間無
法感測觸控開關，就不好了。

為了解決上述問題，我們會改用**時間**分類中的**開機到現在經過的時間 (毫
秒)** 積木，它可以告訴你從控制板接上電源開始到現在經過的毫秒數，只
要在程式中記錄不同的時間點，將兩個時間點相減，就可以判斷經過的
時間，例如：

開機　到這裡經過　到這裡經過
　　　1000 毫秒　6000 毫秒

兩個時間點 B - A = 5000 毫秒，所以可以知道 A 到 B 過了 5 秒。

Lab 4 倒數計時提醒器

⭐ 實驗目的

倒數計時器是很常見的東西，不論是料理、運動還是給密室逃脫的關主
計時，都相當實用，本實驗將利用喇叭、觸控開關、4 位數顯示器製作一
個倒數計時裝置，設定一個時間後，裝置會開始倒數計時，時間到就會發
出提醒。

⭐ 設計原理

為了方便之後寫程式，我們可以先寫一個流程圖，這樣就能看著流程圖
來寫程式，以下是我們要製作的倒數計時提醒器的流程圖：

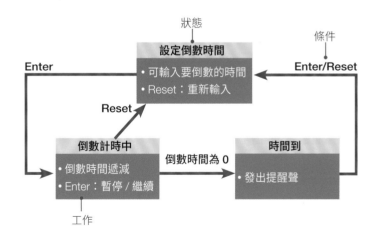

透過以上的流程圖我們可以更清楚的知道要怎麼設計程式，這種結構可
以使用一種程式技巧 - **狀態機 (State Machine)** 來完成，我們會設定幾個
有限的**狀態**，並藉由特定的**條件**在這些狀態中轉移與動作，使用時只要
設定一個**狀態變數**，並搭配**如果…否則如果**…積木就能達到此效果。

⭐ 設計程式

請啟動 Flag's Block 程式，然後如下操作：

1. 在 SETUP 設定中啟用各個模組並設定必要的變數：

❷ 設定喇叭腳位

❶ 啟用觸控開關

❸ 啟用 4 位數顯示器，命名為 SSD

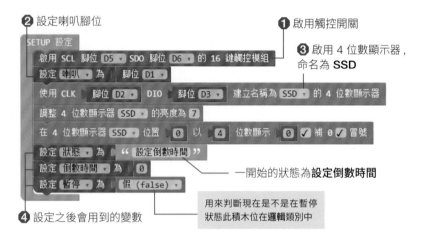

一開始的狀態為 **設定倒數時間**

用來判斷現在是不是在暫停狀態此積木位在邏輯類別中

❹ 設定之後會用到的變數

2. 建立一個顯示剩餘時間的**函式**：

❶ 加入**函式 / 定義函式名稱**積木

❷ 更改名稱為**顯示剩餘時間**

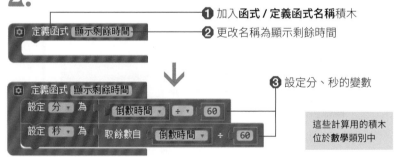

❸ 設定分、秒的變數

這些計算用的積木位於**數學**類別中

⚠ 『函式』就是一組積木的代稱，只要將想執行的一組積木加入定義函式內，再幫函式取好名稱，就可以直接用該名稱來執行對應的那一組積木。如此一來，就可以用具有意義或容易理解的名稱來代表一組積木，讓程式更容易理解。

❹ 用 4 位數顯示器顯示當前的分和秒

3. 在**主程式**中建立狀態機的架構：

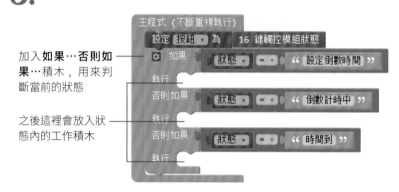

加入**如果…否則如果…**積木，用來判斷當前的狀態

之後這裡會放入狀態內的工作積木

4. 建立**設定倒數時間**狀態中的**輸入倒數時間**工作：

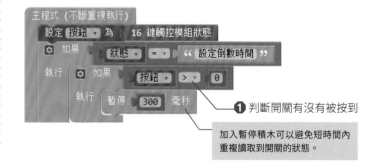

❶ 判斷開關有沒有被按到

加入暫停積木可以避免短時間內重複讀取到開關的狀態。

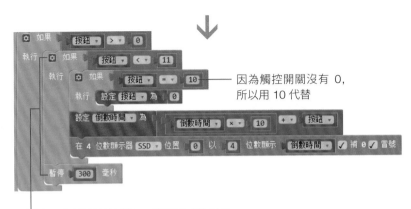

因為觸控開關沒有 0,
所以用 10 代替

❷ 加入如圖所示的積木,讓使用者能輸入
倒數時間,並顯示在 4 位數顯示器上

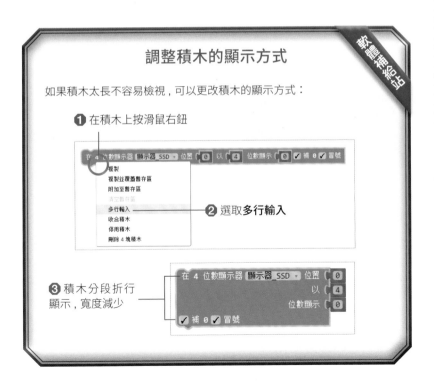

調整積木的顯示方式

如果積木太長不容易檢視,可以更改積木的顯示方式:

❶ 在積木上按滑鼠右鈕

❷ 選取多行輸入

❸ 積木分段折行
顯示,寬度減少

5. 建立設定倒數時間狀態中的**重新輸入**工作:

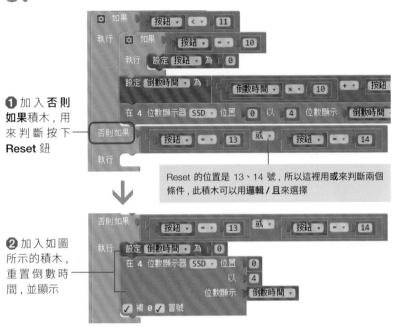

❶ 加入**否則
如果**積木,用
來判斷按下
Reset 鈕

Reset 的位置是 13、14 號,所以這裡用**或**來判斷兩個
條件,此積木可以用**邏輯 / 且**來選擇

❷ 加入如圖
所示的積木,
重置倒數時
間,並顯示

6. 建立設定倒數時間狀態中的 **Enter** 條件:

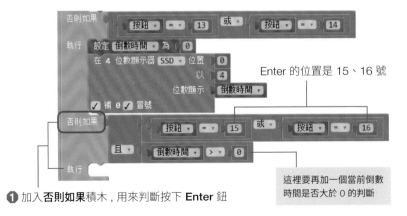

Enter 的位置是 15、16 號

❶ 加入**否則如果**積木,用來判斷按下 **Enter** 鈕

這裡要再加一個當前倒數
時間是否大於 0 的判斷

❷ 加入如圖所示的積木

將倒數時間從 100 進位轉 60 進位

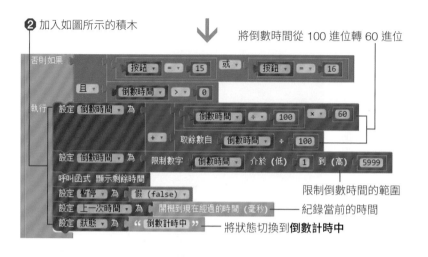

限制倒數時間的範圍

紀錄當前的時間

將狀態切換到**倒數計時中**

7. 建立**倒數計時中**狀態中的**倒數時間遞減**工作：

判斷是否過了 1 秒，
且沒有被暫停

在**倒數計時中**的狀態中加入如圖所示的積木

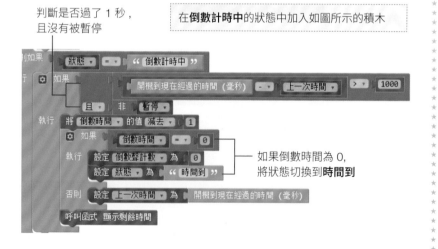

如果倒數時間為 0,
將狀態切換到**時間到**

8. 建立**倒數計時中**狀態中的**暫停 / 繼續**工作：

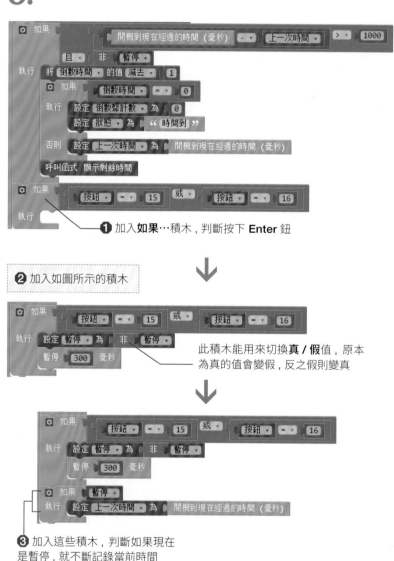

❶ 加入**如果**…積木，判斷按下 Enter 鈕

❷ 加入如圖所示的積木

此積木能用來切換**真 / 假**值，原本
為真的值會變假，反之假則變真

❸ 加入這些積木，判斷如果現在
是暫停，就不斷記錄當前時間

9. 建立**倒數計時中**狀態中的 **Reset** 條件：

> 如果 | 按鈕 ▾ | = ▾ | 15 | 或 ▾ | 按鈕 ▾ | = ▾ | 16
> 執行 | 設定 暫停 ▾ 為 非 暫停
>   暫停 300 毫秒
> 否則如果 | 按鈕 ▾ | = ▾ | 13 | 或 ▾ | 按鈕 ▾ | = ▾ | 14
> 執行

加入**否則如果**⋯積木，判斷按下 Reset 鈕

↓

> 否則如果 | 按鈕 ▾ | = ▾ | 13 | 或 ▾ | 按鈕 ▾ | = ▾ | 14
> 執行 | 設定 倒數時間 ▾ 為 0
>   在 4 位數顯示器 SSD ▾ 位置 0 以 4 位數顯示 倒數時間 ▾ ✓ 補 0 ✓ 冒號
>   設定 狀態 ▾ 為 " 設定倒數時間 "

設定倒數時間為 0 並顯示

將狀態切換到**設定倒數時間**

10. 建立**時間到**狀態中的**發出提醒聲**工作：

> 加入如圖所示的積木，便能發出如同電子鬧鐘的聲音

> 否則如果 | 狀態 ▾ | = ▾ | " 時間到 "
> 執行 | 如果 | 倒數聲計數 ▾ | < ▾ | 4
>   執行 | 如果 | 開機到現在經過的時間 (毫秒) − ▾ 上一次時間 | > ▾ | 104
>   執行 | 將 倒數聲計數 ▾ 的值 加上 ▾ 1
>   設定 喇叭 ▾ 的喇叭/蜂鳴器發出聲音 頻率： 1500 持續時間(ms)： 80
>   設定 上一次時間 ▾ 為 開機到現在經過的時間 (毫秒)
>   否則 | 如果 | 開機到現在經過的時間 (毫秒) − ▾ 上一次時間 | > ▾ | 500
>   執行 | 設定 倒數聲計數 ▾ 為 0
>   設定 上一次時間 ▾ 為 開機到現在經過的時間 (毫秒)

11. 建立**時間到**狀態中的**停止**條件：

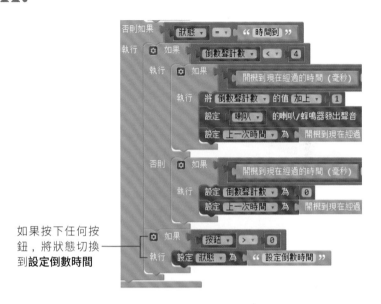

> 否則如果 | 狀態 ▾ | = ▾ | " 時間到 "
> 執行 | 如果 | 倒數聲計數 ▾ | < ▾ | 4
>   執行 | 如果 | 開機到現在經過的時間 (毫秒)
>   執行 | 將 倒數聲計數 ▾ 的值 加上 ▾ 1
>   設定 喇叭 ▾ 的喇叭/蜂鳴器發出聲音
>   設定 上一次時間 ▾ 為 開機到現在經過
>   否則 | 如果 | 開機到現在經過的時間 (毫秒)
>   執行 | 設定 倒數聲計數 ▾ 為 0
>   設定 上一次時間 ▾ 為 開機到現在經過
>   如果 | 按鈕 ▾ | > ▾ | 0
>   執行 | 設定 狀態 ▾ 為 " 設定倒數時間 "

如果按下任何按鈕，將狀態切換到**設定倒數時間**

12. 完成後請按右上方的**儲存**鈕存檔為 Lab04。完整的程式可以參考 ☰ / 範例 / 密室逃脫 /**LAB04** 倒數計時提醒器。

⭐ 實測

先按右上方的 ▶ 鈕上傳，接著如下操作：

1. 輸入一個時間，確定後按 **Enter**

想修改時間可以用
Reset 重新輸入

2. 倒數計時器開始倒數

按 **Enter** 可以暫停或繼續

按 **Reset** 可以停止

3. 時間到之後會發出提醒聲

按任意鍵可以停止

3-7 寶箱的鎖頭 - 伺服馬達

本套件中的鎖頭為『伺服馬達』(Servo)，其可旋轉的角度介於 0~180 度。有別於一般只能控制旋轉方向（正轉或反轉）及旋轉速度的直流馬達，伺服馬達能夠精準控制馬達的旋轉角度，特別適用於需要定位的場合。

Lab 5 保險箱

⭐ 實驗目的

此實驗中，我們要利用伺服馬達當鎖頭，製作一個保險箱，輸入密碼並上鎖後，就要再輸入一模一樣的密碼，否則便無法開鎖。

⭐ 設計原理

馬達轉到 180 度是開鎖，0 度則是上鎖，以下我們將利用馬達轉動的角度來實作保險箱。

180 度 (開鎖)

0 度 (上鎖)

⭐ 設計程式

請啟動 Flag's Block 程式，然後如下操作：

1. 在 **SETUP** 設定中啟用各個模組並設定必要的變數：

❷ 設定喇叭腳位　　　　　　　　　　　　　　❶ 啟用觸控開關

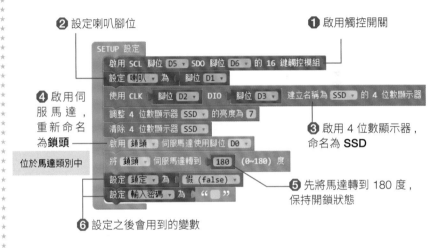

❹ 啟用伺服馬達，重新命名為**鎖頭**

位於**馬達類別**中

❸ 啟用 4 位數顯示器，命名為 **SSD**

❺ 先將馬達轉到 180 度，保持開鎖狀態

❻ 設定之後會用到的變數

2. 建立一些之後會用到的函式：

❶ 之後觸控開關時可以用此函式發出嗶聲

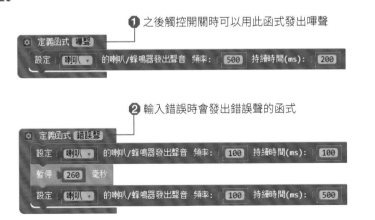

❷ 輸入錯誤時會發出錯誤聲的函式

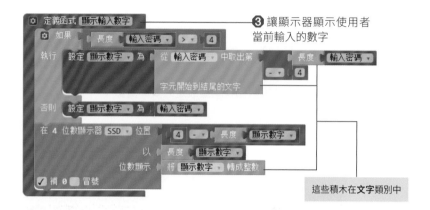

❸ 讓顯示器顯示使用者
當前輸入的數字

這些積木在**文字**類別中

3. 在**主程式**中判斷按鈕有沒有被按到：

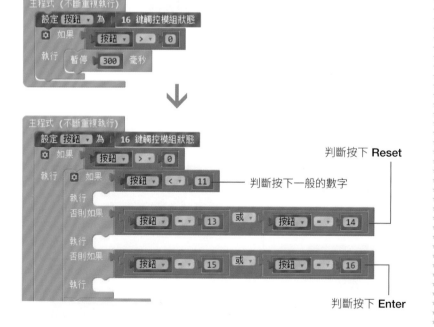

判斷按下 **Reset**

判斷按下一般的數字

判斷按下 **Enter**

4. 設計按下一般數字後的程式：

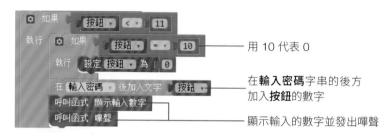

用 10 代表 0

在**輸入密碼**字串的後方
加入**按鈕**的數字

顯示輸入的數字並發出嗶聲

5. 設計按下 Reset 後的程式：

清除顯示器

將輸入密碼設定為空字串

6. 設計按下 Enter 後的程式：

判斷當前不
是在鎖定狀
態，而且輸
入密碼不是
空的

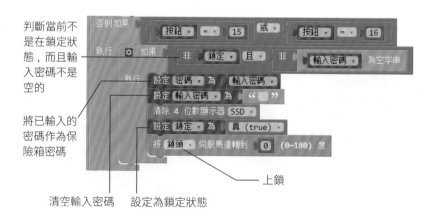

將已輸入的
密碼作為保
險箱密碼

上鎖

清空輸入密碼　　設定為鎖定狀態

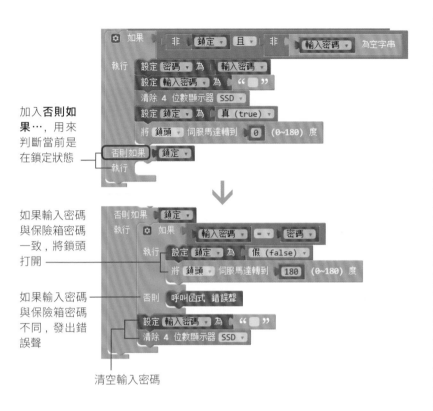

加入**否則如果…**，用來判斷當前是在鎖定狀態

如果輸入密碼與保險箱密碼一致，將鎖頭打開

如果輸入密碼與保險箱密碼不同，發出錯誤聲

清空輸入密碼

7. 完成後請按右上方的**儲存**鈕存檔為 Lab05。完整的程式可以參考 三 / 範例 / 密室逃脫 /**LAB05 保險箱**。

⭐ **實測**

先按右上方的 ▶ 鈕上傳後，接著如下操作：

1. 先輸入數字設定密碼

2. 確認後蓋上蓋子，按 **Enter**, 保險箱就會上鎖

3. 輸入正確密碼即可將保險箱打開

用 **Reset** 可以重新輸入

3-8 寶盒的全部 - 神秘寶盒

透過以上的實用小程式，了解了寶盒的所有零件及其使用方法後，我們就能設計出寶盒的程式了，不過在此之前我們還必須了解一件事，那就是此密室關卡中有用到 Wi-Fi 無線網路，讓玩家可以利用手機來和關卡中的裝置互動，之所以能做到這點就是因為 D1 mini 控制板上的 ESP8266 單晶片本身就具備 Wi-Fi 功能，因此以下會針對如何使用 Wi-Fi 來做講解。

建立無線網路

D1 mini 可以當成無線熱點 (Access Point，簡稱 AP) 運作，也就是可以變成無線網路基地台，建立專屬無線網路，讓其他裝置透過這個無線網路相互通訊，非常方便。

要透過程式建立這樣的無線網路，只要使用 **ESP8266 無線網路 / 建立名稱 ...** 的無線網路積木即可：

> 建立名稱： " ESP8266 " 密碼： " " 頻道： 1 ▾ 的 (隱藏) 無線網路

個別欄位的說明如下：

欄位	說明
名稱	無線網路的名稱 (SSID)，也就是使用者在挑選無線網路時看到的名稱
密碼	連接到此無線網路時所需輸入的密碼，如果留空，就是開放網路，不需密碼即可連接
頻道	無線網路採用的無線電波頻道 (1~13)，如果發現通訊品質不好，可以試看看選用其他編號的頻道
隱藏	如果希望這個網路只讓知道名稱的人連接，不讓其他人看到，請打勾

這個積木會回傳網路是否建立成功。實際使用時，通常搭配**流程控制 / 持續等待**積木組合運用：

> 持續等待，直到 建立名稱： " ESP8266 " 密碼： " " 頻道： 1 ▾ 的 (隱藏) 無線網路

持續等待積木會等待右側相接的積木運作回報成功才會往下一個積木執行，以上例來說，就是會重複嘗試，一直到成功建立無線網路為止。這樣我們就可以確定在已經建立無線網路的情況下，才會執行後續的積木。

要特別注意的是，D1 mini 控制板在自己建立的無線網路中，它的網路位址固定為 **192.168.4.1**，稍後我們執行的範例就會利用這個位址讓手機連接到 D1 mini 控制板。

建立網站

為了讓手機或是筆電等裝置都能成為介面，我們採用最簡單的方式，就是讓 D1 mini 變成網站，這樣手機或筆電只要執行瀏覽器即可，而不需要為個別裝置設計專屬的 App 或應用程式。

D1 mini 控制板也支援網站功能，相關的積木都在 **ESP8266 無線網路** 下，首先要啟用網站：

連接埠編號就像是公司內的分機號碼一樣，其中 80 號連接埠是網站預設使用的編號，就像總機人員分機號碼通常是 0 一樣。如果更改編號，稍後在瀏覽器鍵入網址時，就必須在位址後面加上 ": 編號 "，例如編號改為 5555，網址就要寫為 "192.168.4.1:5555"，若保留 80 不變，網址就只要寫 "192.168.4.1"。

啟用網站後，還要決定如何處理接收到的指令（也稱為『請求 (Request)』)，這可以透過以下積木完成：

路徑欄位就是指令的名稱，可用 "/" 分隔名稱做成多階層架構。不同指令可有對應的專門處理方式。在瀏覽器的網址中指定路徑的方式就像這樣：

```
http://192.168.4.1/start
```

尾端的 "/start" 就是路徑。

對應路徑的處理工作則是交給前面的函式欄位來決定，每一個路徑都必須先準備好對應的處理函式。

執行指令後可以使用以下積木傳送資料回去給瀏覽器：

狀態碼 預設為 200，表示指令執行成功。如果傳送的文字是純文字，**MIME 格式** 欄位就要填入 "text/plain"；如果傳回的是 HTML 網頁內容，就要填入 "text/html"。實際要傳送回瀏覽器的資料就填入**內容**欄位內。

HTTP 教學資源

有關可用的狀態碼、MIME 格式，或是設計網頁所使用的 HTML 語言等等，可參考相關文件或教學：

HTTP 狀態碼
https://goo.gl/a94q5M

HTML 教學
https://goo.gl/rquLec

為了簡化程式，啟用網站時預設就會處理 "/" 以及 "/setting" 兩個路徑的指令，直接傳回可自訂的 HTML 網頁內容。若要修改傳回的網頁內容，可在安裝 Flag's Block 的資料夾下找到 "www" 資料夾，以其中的 webpages_template.h 檔案為範本，用文字編輯器修改後另存新檔：

```
wwebpages_template.h 檔案內容
//---------------------這裡是主頁面 ("/")---------------------
String mainPage = u8R"(
  這裡可填入網頁內容
)";
//---------------------這裡是錯誤路徑頁面---------------------
String errorPage = u8R"(
  這裡可填入網頁內容
)";
//---------------------這裡是設定頁面 ("/setting")-----------
String settingPage = u8R"(
  這裡可填入網頁內容
)";
```

其中錯誤路徑頁面代表當接收到的指令沒有對應的處理函式時，要傳回給瀏覽器的內容。修改好網頁內容檔後，只要執行『≡ / 上傳網頁資料』命令，指定剛剛修改好的網頁內容檔案，後續啟用網站的積木就會改為採用此檔的內容作為預設的網頁內容。

為了讓剛剛建立的網站運作，我們還需要在**主程式 (不斷重複執行)** 中加入**讓網站接收請求**積木，才會持續檢查是否有收到新的指令，並進行對應的處理工作。

> 讓網站接收請求

Lab 6　密室逃脫 神秘寶盒

⭐ 實驗目的

將先前所學的零件組合起來，製作成一個能與玩家互動的密室逃脫裝置。

⭐ 設計原理

這個實驗一樣也能使用狀態機來完成，所以我們首先將流程圖畫出來：

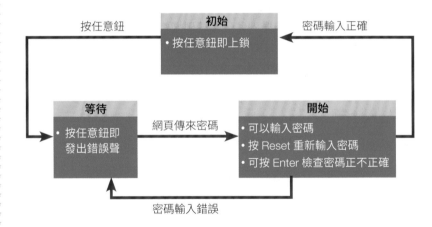

接著就能照著以上的流程圖來設計程式。

⭐ 設計程式

請啟動 Flag's Block 程式，然後如下操作：

1. 在 SETUP 設定中啟用各個模組並設定必要的變數：

❷ 設定喇叭腳位

```
SETUP 設定
  啟用 SCL 腳位 D5 ▼ SDO 腳位 D6 ▼ 的 16 鍵觸控模組 ──❶ 啟用觸控開關
  設定 喇叭 ▼ 為 腳位 D1 ▼
  使用 CLK 腳位 D2 ▼ DIO 腳位 D3 ▼ 建立名稱為 SSD ▼ 的 4 位數顯示器
  調整 4 位數顯示器 SSD ▼ 的亮度為 7
  清除 4 位數顯示器 SSD ▼                    ❸ 啟用 4 位數顯示器，
  啟用 鎖頭 ▼ 伺服馬達使用腳位 D0 ▼              命名為 SSD
  將 鎖頭 ▼ 伺服馬達轉到 180 (0~180) 度
  設定 狀態 ▼ 為 " 初始 "
```

❹ 啟用伺服馬達，重新命名為**鎖頭**

❺ 設定一開始的狀態為**初始**

2. 建立一些之後會用到的函式：

```
⚙ 定義函式 嗶聲 ──────── 嗶聲函式
  設定 喇叭 ▼ 的喇叭/蜂鳴器發出聲音 頻率：500 持續時間(ms)：200
```

```
⚙ 定義函式 錯誤聲 ──────── 錯誤聲函式
  設定 喇叭 ▼ 的喇叭/蜂鳴器發出聲音 頻率：100 持續時間(ms)：100
  暫停 260 毫秒
  設定 喇叭 ▼ 的喇叭/蜂鳴器發出聲音 頻率：100 持續時間(ms)：500
```

```
⚙ 定義函式 重置聲 ──────── 重新輸入密碼時，會發出的音效
  設定 喇叭 ▼ 的喇叭/蜂鳴器發出聲音 頻率：500 持續時間(ms)：100
  暫停 260 毫秒
  設定 喇叭 ▼ 的喇叭/蜂鳴器發出聲音 頻率：1000 持續時間(ms)：100
```

```
⚙ 定義函式 勝利聲 ──────── 成功將寶盒打開的音效
  設定 喇叭 ▼ 的喇叭/蜂鳴器用簡譜 " 13_5_3_5- " 播放音樂，一拍長度 200 ms
```

```
⚙ 定義函式 顯示輸入數字 ──────── 顯示使用者目前輸入的數字
  ⚙ 如果     長度 輸入密碼 ▼ > ▼ 4
  執行 設定 顯示數字 ▼ 為 從 輸入密碼 ▼ 中取出第        長度 輸入密碼 ▼
                                           - ▼ 4
                    字元開始到結尾的文字
  否則 設定 顯示數字 ▼ 為 輸入密碼 ▼
  在 4 位數顯示器 SSD ▼ 位置 0
  以 4
  位數顯示 將 顯示數字 ▼ 轉成整數
  ☐ 補 0 ☐ 冒號
```

建立**開始輸入**函式，用來
處理網頁傳送來的指令

```
⚙ 定義函式 開始輸入
  ⚙ 如果 網站請求中含有 " password " 參數？
  執行 ⚙ 如果 狀態 ▼ ≠ ▼ " 初始 "
       執行 設定 密碼 ▼ 為 網站請求中名稱為 " password " 的參數
            設定 狀態 ▼ 為 " 開始 "
  讓網站傳回狀態碼：200 MIME 格式： " text/plain " 內容： " OK "
```

當網頁傳送密碼過來時，
如果當前狀態不為**初始**，
更新寶箱的密碼並將狀態
設定為**開始**

3. 建立無線網路：

在 **SETUP 設定**中加入
這些積木來啟動網站

如果擔心有玩家以外的人來連接網
路，可以加上密碼，也能勾選隱藏

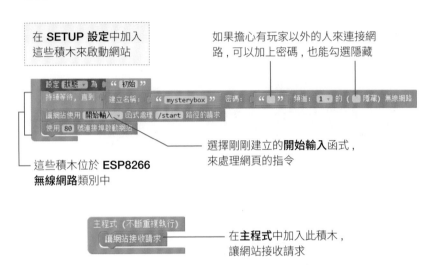

這些積木位於 **ESP8266
無線網路**類別中

選擇剛剛建立的**開始輸入**函式，
來處理網頁的指令

在**主程式**中加入此積木，
讓網站接收請求

4. 判斷開關有沒有被按下並建立狀態機的架構

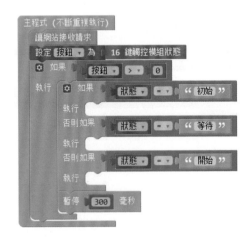

5. 建立**初始**狀態的工作：

任一按鈕會讓寶
盒上鎖，並切換
狀態到**等待**

6. 建立**等待**狀態的工作：

按任何按鈕都是發出錯誤聲

7. 建立**開始**狀態的工作：

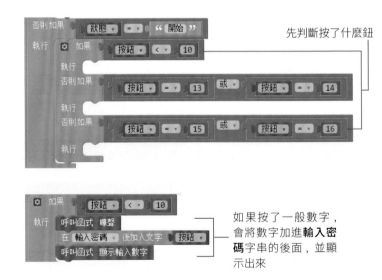

先判斷按了什麼鈕

如果按了一般數字，
會將數字加進**輸入密
碼**字串的後面，並顯
示出來

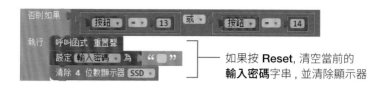

如果按 **Reset**, 清空當前的
輸入密碼字串，並清除顯示器

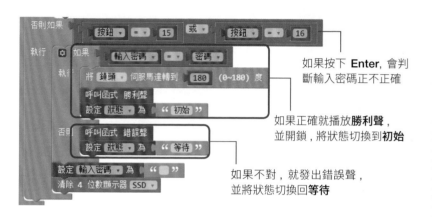

如果按下 **Enter**, 會判
斷輸入密碼正不正確

如果正確就播放**勝利聲**，
並開鎖，將狀態切換到**初始**

如果不對，就發出錯誤聲，
並將狀態切換回**等待**

8. 上傳主網頁內容：

❶ 按這裡開啟功能表

❷ 執行『**上傳網頁資料**』命令

❸ 切換到 Flag's Block 安裝路徑下的 **www** 資料夾

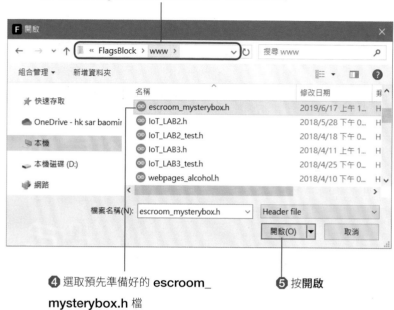

❹ 選取預先準備好的 **escroom_mysterybox.h** 檔

❺ 按**開啟**

9. 完成後請按右上方的**儲存**鈕存檔為 Lab06。完整的程式可以參考 ☰ / 範例 / 密室逃脫 /**LAB06 神秘寶盒**。

⭐ **實測**

按右上方的 ▶ 鈕上傳後，操作方法請參考 P.21 的神秘寶盒**正確玩法**。

⚠ 請注意！由於本套件的重點在於密室逃脫，因此網頁的部分就不多做說明，有興趣的讀者可以自行參考網頁資料中的 HTML。

4

密室逃脫

拆彈專家

前面我們已經組裝過神秘寶盒，由於炸彈裝置所使用的零件與寶盒有部分相同，在組裝炸彈裝置之前必須先將共用的零件取出，再開始組裝。

4-1 組裝炸彈控制盒電路

★ 取出共用零件

D1 mini 相容控制板

由於炸彈裝置與寶盒所使用
D1 mini 控制板在麵包板上
的位置不相同，必須將控制
板從麵包板取下

4 位數顯示

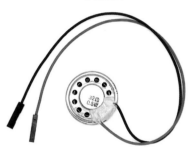

喇叭

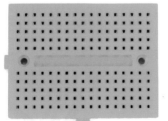

麵包板

電池盒

★ 所需要的零件

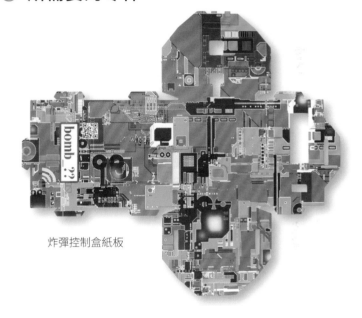

炸彈控制盒紙板

杜邦線

排針

1. 先將炸彈控制盒紙板依照折線折起 (注意底部 4 處必須反折)

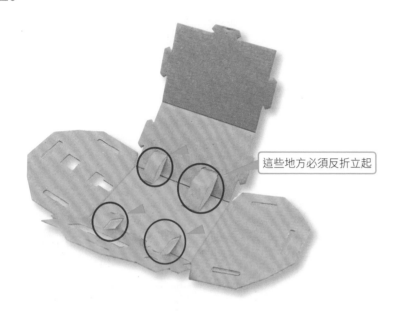

這些地方必須反折立起

2. 將 **4 位數顯示器**由方孔內向外穿出

先穿出排針側，再推出另一邊

3. D1 mini 控制板疊插於麵包板上

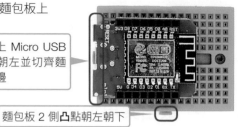

控制板上 Micro USB
連接座朝左並切齊麵
包板側邊

麵包板 2 側凸點朝左朝下

4. 將 D1 mini 接上電腦後，啟動 Flag's Block 並開啟 ≡ **/ 範例 / 密室
逃脫 /LAB07 拆彈專家**，按 ► 鈕上傳程式。完成後即可移除 USB
線，繼續組裝，若想先組裝也可跳過此步驟，待組裝完成後再回頭
進行此步驟。

5. 使用**短杜邦線紅棕** 2 條並將母頭
插上**排針**，分別插至控制板 5V、G
對應位置的麵包板孔位

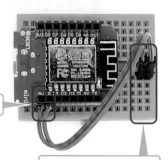

紅 – 5V、棕 – G

另一端插至麵包板右側

6. 使用**短杜邦線** 4 條 **黑白灰紫**公頭
端插至控制板：**白 – 5V、黑 – G、
灰 – D3、紫 – D2**，這邊要特別注
意黑線與白線的順序，在**控制板**與
顯示器腳位順序不同，反接可能會
造成零件損壞

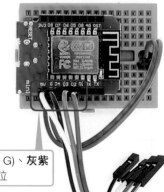

由左至右分別為**白黑** (5V、G)、**灰紫**
(D3、D2)，中間空著 D4 腳位

7. 紫灰白黑杜邦母頭由 4 位數顯示器旁的方孔內向外穿出並插至顯示器針腳

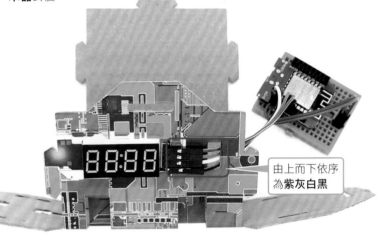

由上而下依序為**紫灰白黑**

9. 將**綠藍紫**杜邦線另一端母頭由內而外穿出紙板

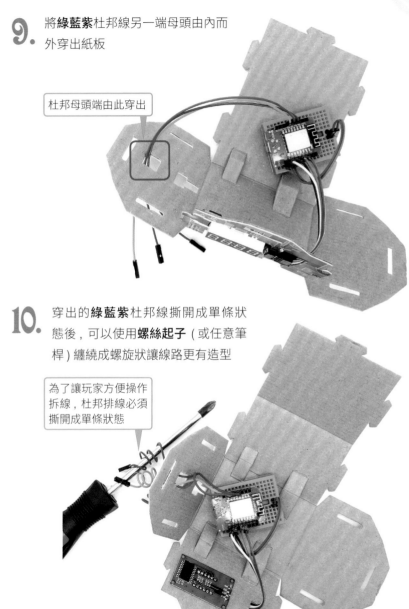

杜邦母頭端由此穿出

8. 取出**長**杜邦線 3 條**綠藍紫**，將公頭端分別插至麵包板上

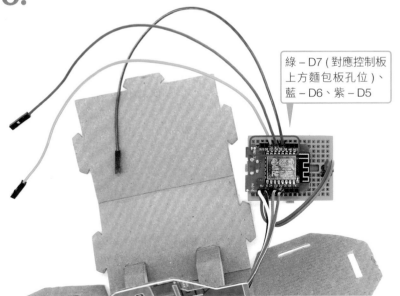

綠 – D7 (對應控制板上方麵包板孔位)、藍 – D6、紫 – D5

10. 穿出的**綠藍紫**杜邦線撕開成單條狀態後，可以使用**螺絲起子** (或任意筆桿) 纏繞成螺旋狀讓線路更有造型

為了讓玩家方便操作拆線，杜邦排線必須撕開成單條狀態

11. 取出**喇叭**使用**排針**將**紅線**插至麵包板上對應控制板 **D1** 下方的位置，喇叭**黑線**插至麵包板最右側與**棕線**對應

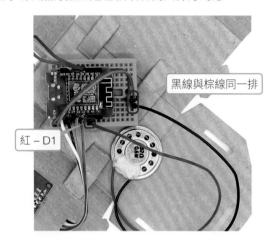

黑線與棕線同一排

紅 – D1

12. **電池盒**與組裝神秘寶盒時相同，先置入 3 顆電池，待組裝完成後再裝上最後一顆電池來啟動，電池盒**紅線**插至麵包板右側與原本的杜邦**紅線**對應，**黑線**則是與喇叭**黑線**對應

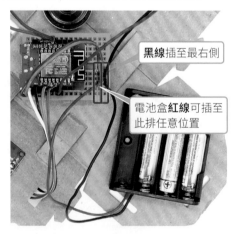

黑線插至最右側

電池盒**紅線**可插至此排任意位置

13. 炸彈控制盒的電路組裝到此就完成了，接著必須先將炸彈部分完成，最後再和控制盒結合起來

4-2 組裝炸彈

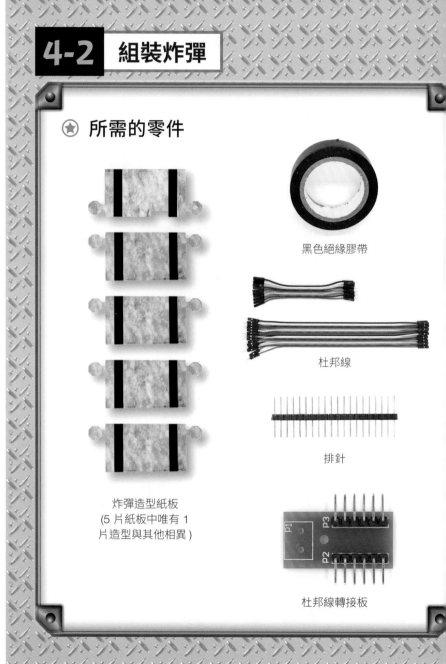

⭐ **所需的零件**

黑色絕緣膠帶

杜邦線

排針

炸彈造型紙板
(5 片紙板中唯有 1
片造型與其他相異)

杜邦線轉接板

1. 先將紙板依照折線折起，炸彈紙板的**每一道**折痕皆需要確實折起才能保持組裝後為完整造型

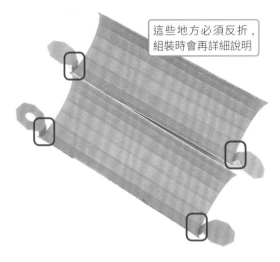

這些地方必須反折，組裝時會再詳細說明

2. 取出其中一個**炸彈造型紙板**並將其捲起，同時將側邊折入

注意八角形每邊確實對齊

側蓋此邊需反折

3. 完整捲起一圈後，使用**黑色絕緣膠帶**於黑色圖樣位置纏繞固定

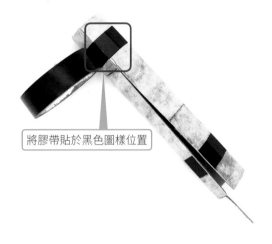

將膠帶貼於黑色圖樣位置

4. 將另外一端以相同方式纏繞

5. 再以相同方法完成其他 4 個炸彈

6. 取出**長杜邦線綠藍紫灰**母頭端穿入側邊有圓洞的炸彈，再由中間的方孔穿出

杜邦線需各自分成單條以便玩家操作拆除線路

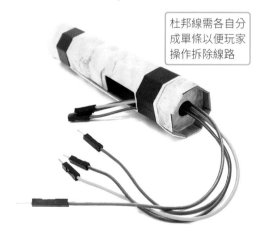

7. 將杜邦線母頭皆插至
杜邦線轉接板一側
（確保每條皆插在同
側即可，不限定哪側）

8. 除了**灰線**之外，另外 3 條**綠藍紫**
線也可以使用**螺絲起子**（或任意
筆桿）纏繞成螺旋狀讓線路更有
造型

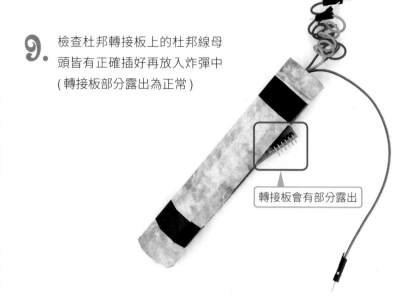

灰線會直接連接
控制盒，不需造型

9. 檢查杜邦轉接板上的杜邦線母
頭皆有正確插好再放入炸彈中
（轉接板部分露出為正常）

轉接板會有部分露出

10. 將 5 個炸彈以上層 2 個、下層 3 個（帶杜邦線的炸彈放置在中間）
的方式堆疊一起，再使用絕緣膠帶纏起固定，這樣就完成炸彈組裝

沿著原本膠帶的位置
將 5 個一起纏起來

轉接板露出的部
分朝向炸彈與炸
彈之間的縫隙

結合控制盒與炸彈

1. 先將炸彈上的**灰線**由外而內穿入**控制盒**並插至麵包板最右側與**棕、黑線**同排

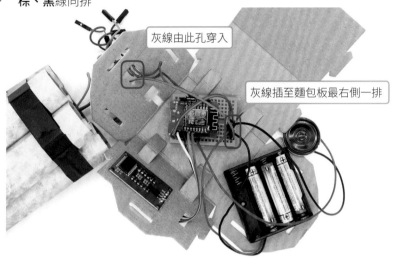

灰線由此孔穿入

灰線插至麵包板最右側一排

2. 將控制板與麵包板放置控制盒，用手輕捏紙盒前後紙板，同時底部立起 4 處會將其限制而無法位移，若立起處方向錯誤只需手稍微放開再將其修正反折起即可

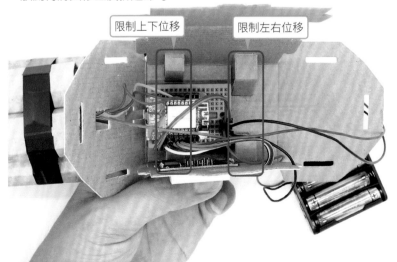

限制上下位移

限制左右位移

3. 將**喇叭**黑面朝**後**置入 2 個立起處之間

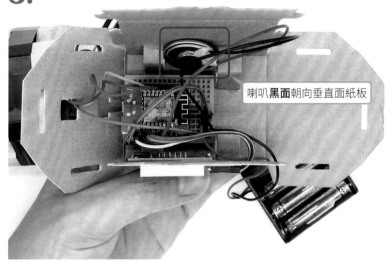

喇叭**黑面**朝向垂直面紙板

4. 蓋上紙盒**上蓋**（印刷面有 bomb 字樣）

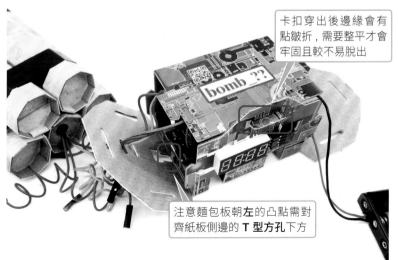

卡扣穿出後邊緣會有點皺折，需要整平才會牢固且較不易脫出

注意麵包板朝**左**的凸點需對齊紙板側邊的 **T 型方孔**下方

5. 將側邊紙板立起後與前後紙板、上蓋一起扣上

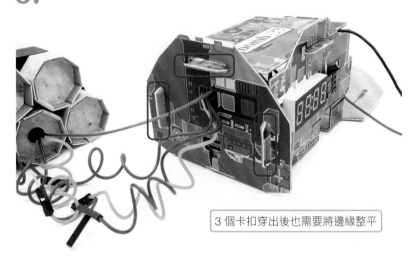

3 個卡扣穿出後也需要將邊緣整平

6. 將**控制盒**疊放在**炸彈**堆上，穿出的杜邦線皆保持**同側**，再將**綠藍紫**杜邦線公母頭兩兩接上

杜邦線皆在同一側

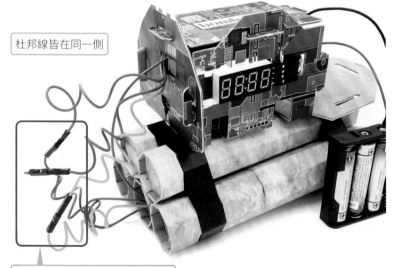

綠藍紫 3 對杜邦線依照顏色插上

7. 裝上**電池**通電後，將電池盒由側邊置入控制盒內

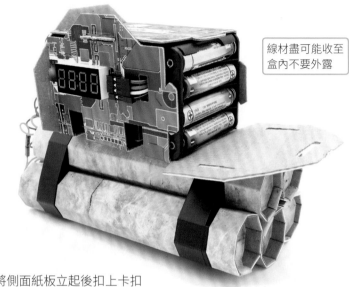

線材盡可能收至盒內不要外露

8. 將側面紙板立起後扣上卡扣

若是組合紙板過程中搖晃造成拆彈失敗音效出現則表示有線路可能脫落或是沒有安裝確實，必須再次檢查線路

9. 使用絕緣膠帶纏繞於控制盒兩側，同時將下方的炸彈一併纏起固定即完成整體組裝

纏繞的風格可隨個人喜好設計，目的是固定控制盒與炸彈

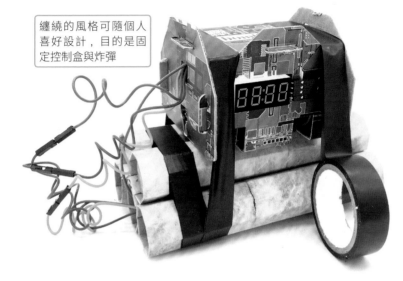

10. 到此便完成了組裝的部分，非使用中的時候記得打開側蓋將其中一顆電池取出

完成圖

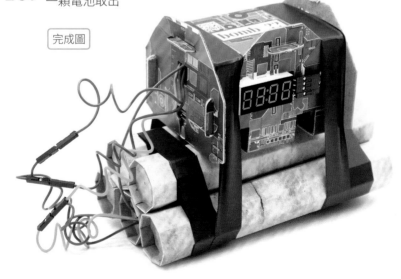

4-3 如何進行拆彈專家？

情境介紹

恭喜你們成功解鎖寶盒！

相信你們也發現了門的附近被設置了一個炸彈，沒錯！只有正確的拆彈方式才能觸發大門鎖並開啟，拆除失敗將會直接爆炸，一不小心拆除炸彈電源，將會導致你們永遠受困在此房間，炸彈上有 3 條線是可以拆除的。

切記！不要輕舉妄動並善用你們擁有的資源，最後，祝你們順利逃出！

炸彈介紹與設定方法

這一章的開頭已經將炸彈組裝完成並且上傳了程式碼，接下來讓我們看看如何操作與設定它。

⭐ **事前設定**

首先確認炸彈已接上電源(4 位數顯示器會亮起來)。

之後便能將炸彈設置在門口的附近。

⭐ **爆雷提醒**

設定完成後即可開始體驗解謎過程，次頁為正確玩法解答。

⭐ 正確玩法

玩家可以透過炸彈上的提示知道 Wi-Fi 名稱,用手機連接後,掃描控制盒上的 QR code,或開啟瀏覽器,在網址列的地方輸入 "192.168.4.1",即可看到拆彈頁面:

此時炸彈會被啟動,並開始倒數,玩家在這個時候不論拆哪條線都會爆炸,時間到也是爆炸,因此應該透過前一個關卡的線索卡來得知密碼,並在網頁中輸入正確密碼後,才能看到拆彈的謎腳:

圖中的謎腳其實是一首藏頭詩,代表**拔除紫色**,因此只要在這個時候盡快拆除紫色的線,便能成功解除炸彈。

4-4 拆彈專家實作解析

炸彈中用到的所有零件都與寶盒相同,比較不同的是,程式中多了線有沒有接在一起的判斷。

可以做到這點的原因是,D1 mini 的腳位除了可以輸出訊號控制元件和裝置外,也可以用來讀取輸入訊號。只要將線的一端接地 (G),另一端接 D1 mini 的其中一個腳位,就可以搭配 D1 mini 提供的上拉電阻機制來讀取線的接通狀態。當線接通時會讀到低電位,反之,線斷開時則讀到高電位。

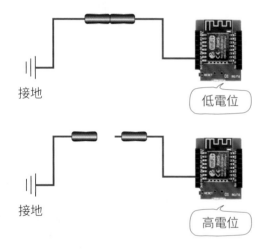

上拉電阻的效果示意圖

知道如何判斷接線狀態後,接著就讓我們繼續了解程式的部分吧!

Lab 7 密室逃脫 拆彈專家

⭐ 實驗目的

了解密室逃脫中**拆彈專家**的程式原理。

⭐ 設計原理

拆彈專家的程式邏輯一樣是使用狀態機，因此首先畫出此實驗的流程圖：

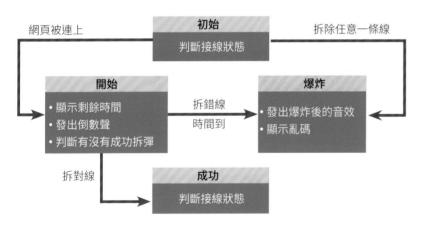

炸彈要爆炸前，會發出倒數聲，這個聲音的頻率會隨著時間越來越高、聲音的間隔時間則是越來越短，因此要讓頻率遞增、間隔時間遞減，我們可以使用以下公式來計算這兩個數值：

$$初始間隔時間 = \left(\sqrt{倒數時間 \times 100+20)+1}\right) \times 20$$

$$頻率增益 = \frac{10000}{當前間隔時間 -100}$$

有這兩個公式後，只要設定好倒數時間，就能代入公式把初始的間隔時間和頻率增益計算出來。

⭐ 設計程式

請啟動 Flag's Block 程式，然後如下操作：

1. 在 **SETUP 設定**中啟用各個模組、腳位並設定必要的變數：

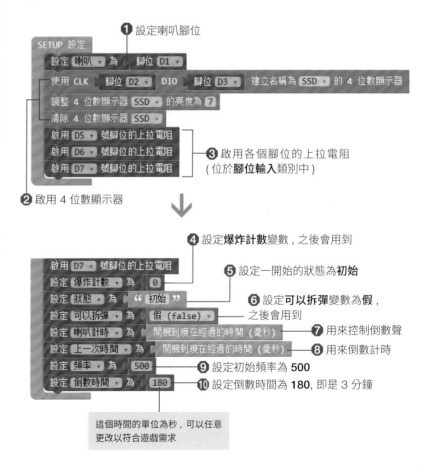

❶ 設定喇叭腳位

❷ 啟用 4 位數顯示器

❸ 啟用各個腳位的上拉電阻（位於**腳位輸入**類別中）

❹ 設定**爆炸計數**變數，之後會用到

❺ 設定一開始的狀態為**初始**

❻ 設定**可以拆彈**變數為**假**，之後會用到

❼ 用來控制倒數聲

❽ 用來倒數計時

❾ 設定初始頻率為 **500**

❿ 設定倒數時間為 **180**，即是 3 分鐘

這個時間的單位為秒，可以任意更改以符合遊戲需求

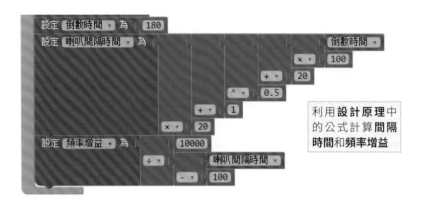

利用**設計原理**中的公式計算**間隔時間**和**頻率增益**

2. 建立一些之後會用到的函式：

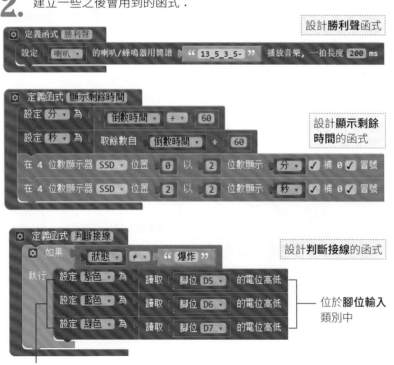

設計**勝利聲**函式

設計**顯示剩餘時間**的函式

設計**判斷接線**的函式

位於**腳位輸入**類別中

分別讀取各個腳位的電位

⚠ 由於讀取電位高低時，容易受到外在環境影響而讀到假性訊號，例如震動導致一瞬間暫時性的高電位，因此加入以下積木避免此問題。

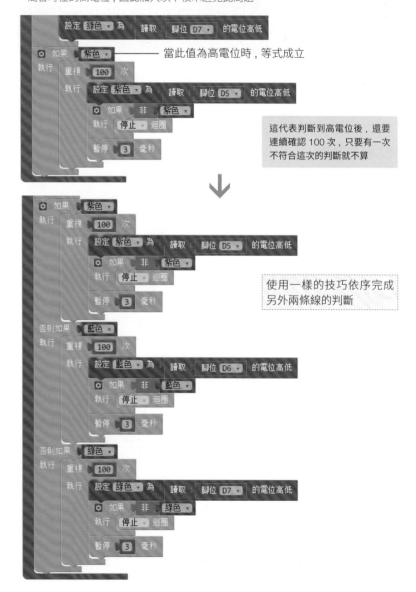

當此值為高電位時，等式成立

這代表判斷到高電位後，還要連續確認 100 次，只要有一次不符合這次的判斷就不算

使用一樣的技巧依序完成另外兩條線的判斷

設計處理網頁指令的函式

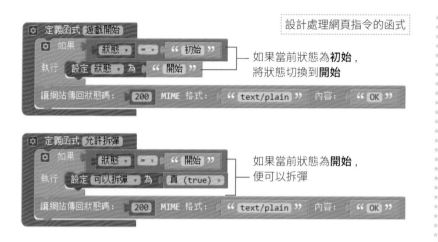

如果當前狀態為**初始**，
將狀態切換到**開始**

如果當前狀態為**開始**，
便可以拆彈

3. 加入函式並建立無線網路：

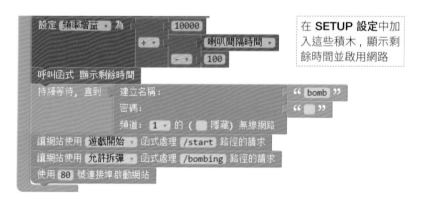

在 **SETUP 設定**中加
入這些積木，顯示剩
餘時間並啟用網路

在**主程式**中加入此積
木，讓網站接收請求

4. 判斷接線狀態，並建立狀態機的架構：

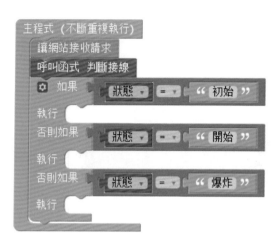

5. 建立**初始**狀態的**判斷接線**工作：

只要某一條線被拆除，就將狀態切換為**爆炸**

6. 建立**開始**狀態中的**發出倒數聲**工作：

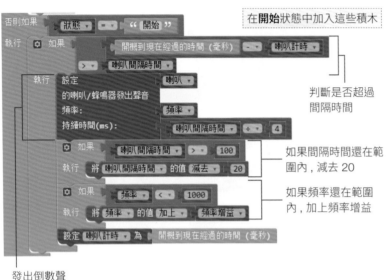

在**開始**狀態中加入這些積木

判斷是否超過間隔時間

如果間隔時間還在範圍內，減去 20

如果頻率還在範圍內，加上頻率增益

發出倒數聲

7. 建立**開始**狀態中的**顯示剩餘時間**工作：

在**開始**狀態中加入這些積木

超過 1 秒就將**倒數時間**減 1，並顯示剩餘時間

如果倒數時間為 0，將狀態切換為**爆炸**

判斷是否超過 1 秒

8. 建立**開始**狀態中的**判斷有沒有成功拆彈**工作：

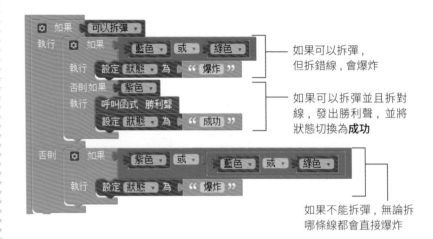

如果可以拆彈，但拆錯線，會爆炸

如果可以拆彈並且拆對線，發出勝利聲，並將狀態切換為**成功**

如果不能拆彈，無論拆哪條線都會直接爆炸

9. 建立爆炸狀態中的**發出爆炸後的音效和顯示亂碼**工作：

爆炸後會先發出長嗶一聲，停一下後，接著發出類似救護車的聲音，且 4 位數顯示器會一直閃爍亂碼。

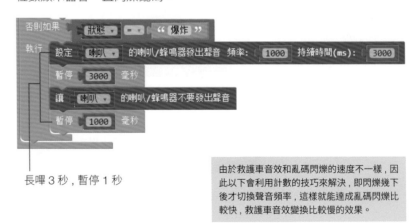

長嗶 3 秒，暫停 1 秒

由於救護車音效和亂碼閃爍的速度不一樣，因此以下會利用計數的技巧來解決，即閃爍幾下後才切換聲音頻率，這樣就能達成亂碼閃爍比較快，救護車音效變換比較慢的效果。

在**爆炸**狀態中加入這些積木

亂碼變換 8 下後便切換一次聲音的頻率

設定 喇叭▼ 的喇叭/蜂鳴器發出聲音 頻率： 700 持續時間(ms)： 500

重複 當▼ 真 (true)

執行 ⚙ 如果 爆炸計數▼ ＝▼ 8

這樣代表內部的積木會不斷重複執行

執行 設定 喇叭▼ 的喇叭/蜂鳴器發出聲音 頻率： 400 持續時間(ms)： 500

否則如果 爆炸計數▼ ＝▼ 16

執行 設定 喇叭▼ 的喇叭/蜂鳴器發出聲音 頻率： 700 持續時間(ms)： 500

設定 爆炸計數▼ 為 0

在 4 位數顯示器 SSD▼ 位置 0 以 4 位數顯示 取隨機整數介於 (低) 0 到 8888

此積木位於**數學**類別中

☑ 補 0 ☑ 冒號

將 爆炸計數▼ 的值 加上▼ 1 ── 讓爆炸計數加 1

暫停 50 毫秒

以上兩個頻率的變換即會達成救護車的音效

讓 4 位數顯示器顯示一個隨機值

10. 上傳主網頁內容並儲存：

上傳網頁資料，選擇『FlagsBlock/www/escroom_bomb.h』檔。

完成後請按右上方的**儲存**鈕存檔為 Lab07。完整的程式可以參考 ≡ / **範例 / 密室逃脫 /LAB07 拆彈專家**。

⭐ **實測**

按右上方的 ▶ 鈕上傳後，操作方法請參考本章的拆彈專家**正確玩法**。

4-5 設計自己的關卡

如果想要換別的顏色線當拆除線，可以更改積木程式，但如果要更改密碼或謎腳，要怎麼做呢？

如果要更改密碼，可以使用記事本開啟網頁資料『FlagsBlock/www/escroom_bomb.h』，利用 **Ctrl+F** 搜尋原密碼關鍵字 **FLAGSROOM**，你就會找到以下內容：

```
if(document.getElementById('password').value=='FLAGSROOM')
```

將原密碼改成自己想要的密碼後儲存即可。

如果要更改謎腳，則須利用關鍵字 **("/setting")** 找到設定頁面，其中有一段內容如下：

```
<p>拔線前謹慎三思<br>除非相當有把握<br>只能拆除一條線<br>設法逃出此房間</p>
```

此為 HTML 程式碼，這是一種標籤式程式語言，以上包含兩種標籤：

- 文字標籤：以 <p> 與 </p> 包圍而成，在標籤之間可以打上你想呈現在網頁上的文字。

- 換行標籤：一個
 即代表換行，在此標籤後的文字會被強制換到下一行。

另外，如果想要空格，可以使用 ** **。

掌握這些用法後，你就能更改以上那段內容後存檔，這樣就能自行設計專屬的謎腳了，快去設計屬於自己的密室逃脫關卡吧！

創客·自造者 工作坊 WORKSHOP

密室逃脫

神秘寶盒 & 拆彈專家

Science Technology Engineering Mathematics